YONGYU MIFENG YETI DE
CILIUTI XUANZHUAN MIFENG

# 用于密封液体的磁流体旋转密封

◎ 王虎军　著

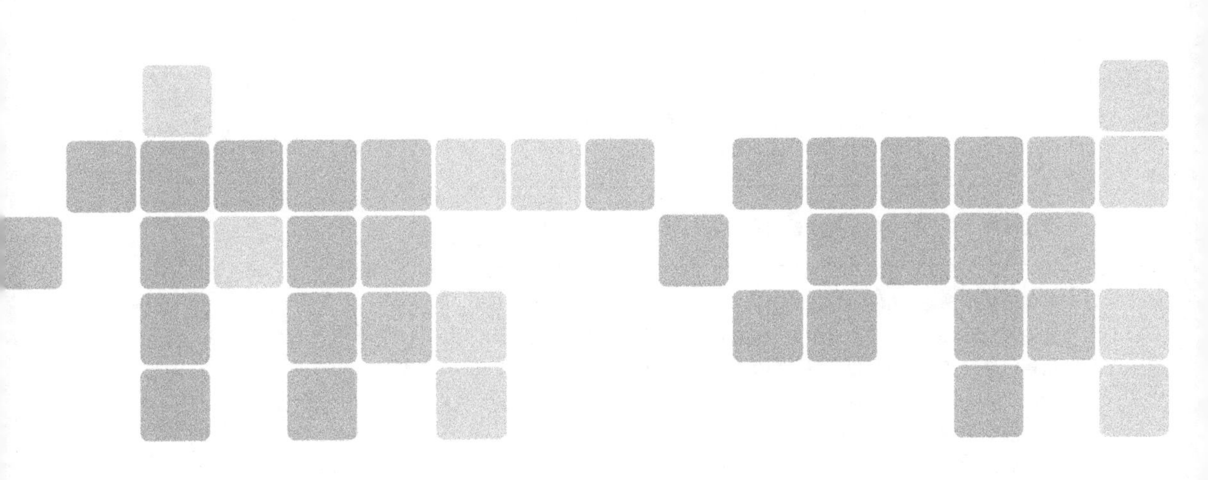

中国纺织出版社有限公司

## 内 容 提 要

磁流体是一种兼具流动性和磁响应特性的新型功能材料,出现至今有约半个世纪的历史,现已应用于机械、光学、声学、热学、医疗等多个领域。本书以磁流体为研究对象,主要内容包括概述磁流体的特性、制备方法、典型应用及磁流体密封的研究现状;系统阐述了用于密封液体的直接接触型和气体隔离型两种磁流体旋转密封的理论基础;设计了两种相应的磁流体密封结构,搭建了密封实验台;通过仿真和实验对两种结构的密封性能进行了深入的对比研究,结果表明书中设计的密封结构有效提升了磁流体密封液体的性能。本书可供密封设计与制造专业技术人员,高等院校相关专业的本科生、硕士研究生、博士研究生及科研机构的研究人员参考。

**图书在版编目(CIP)数据**

用于密封液体的磁流体旋转密封 / 王虎军著. --北京:中国纺织出版社有限公司, 2021.8
ISBN 978-7-5180-8734-1

Ⅰ.①用… Ⅱ.①王… Ⅲ.①磁流体密封—回转轴密封 Ⅳ.①TB42

中国版本图书馆CIP数据核字(2021)第146782号

---

责任编辑:闫 婷　　责任校对:楼旭红　　责任印制:王艳丽

---

中国纺织出版社有限公司出版发行
地址:北京市朝阳区百子湾东里A407号楼　邮政编码:100124
销售电话:010—67004422　传真:010—87155801
http://www.c-textilep.com
中国纺织出版社天猫旗舰店
官方微博 http://weibo.com/2119887771
北京虎彩文化传播有限公司印刷　各地新华书店经销
2021年8月第1版第1次印刷
开本:710×1000　1/16　印张:8.75
字数:128千字　定价:88.00元

---

# 前　言

设备运行过程中,泄漏问题普遍存在,其结果可能会造成人身财产的巨大损失。随着航空航天、航海、石油化工、机械、发电、冶金、采矿等行业的快速发展,设备密封性能要求不断提高,相关密封技术研究的重要性更加突出。

磁流体是一种新型的功能材料,在多个领域具有广泛应用。磁流体密封作为一种新型的液体密封形式,由于其具有零泄漏、磨损小、寿命高等独特的优点,已经在气体的密封等领域中得到了成熟应用,是磁流体最重要的应用之一。随着对磁流体密封相关研究的深入,其应用范围正在不断扩展。众所周知,在石油、化工、造船、海洋工程等诸多领域,需要在液体环境下完成密封,现有的传统密封技术由于其耐久性差及存在泄漏等问题不能够完全胜任。磁流体密封以其独特的优点在密封液体方面有着广阔的应用前景。然而,在液体环境中,磁流体密封因涉及复杂的物理过程,密封性能较难保证。因此,对磁流体密封液体的研究有着重要的理论意义和实用价值。

十余年来,作者一直从事磁流体理论及应用领域的研究。本书总结了作者在博士期间的研究成果,主要内容包括概述磁流体的特性、制备方法、典型应用及磁流体密封的研究现状;系统阐述了用于密封液体的直接接触型和气体隔离型两种磁流体旋转密封的理论基础;设计了两种相应的磁流体密封结构,搭建了密封实验台;通过仿真和实验对两种结构的密封性能进行了深入的对比研究,结果表明,本书设计的密封结构有效提升了磁流体密封液体的性能。

本研究是在导师李德才教授的悉心指导下完成的。衷心感谢李老师多年来不辞辛苦地耐心教导。研究工作开展过程中,李老师给予了我非常多的宝贵指导与建议。他不仅在科学研究上给予了我很大帮助,在工作和生活等多方面也给我树立了一个良好的榜样。衷心感谢北京交通大学张志力、何新智、王四棋、谢君、胡洋、崔红超、李振坤等老师在本研究过程中所给予的大力支持。衷心感谢北京交通大学磁性液体研究所对学术研究所提供的支持,帮助我顺利搭建并改善实验平台,得到更多严谨可靠的实验数据。衷心感谢研究所钱乐平、陈一镖、杨小龙、姚杰、吴晓杰、苗玉宾、戚志强、王礼等同学在作者实验过程中所给予的大力帮助。另外，本书在撰写过程中，参考了大量的论文、专著、教材、专利等资料，在此向所引文献作者表示衷心感谢。本书是在中国劳动关系学院学术论丛项目的资助下完成的。在此表示衷心的感谢。

限于作者的能力和水平，书中难免存在缺陷甚至错误之处，敬请读者批评指正。

王虎军

2021年7月于北京

# 目　录

# 第1章　引言

## 1.1　研究的背景及意义

在各种机械设备的运行过程中，泄漏问题普遍存在，其结果往往会造成设备停车、产品质量下降、能源浪费、环境污染，甚至危害人身安全，带来巨大的经济损失。2017 年 12 月 18 日，造价 31 亿英镑的英国皇家海军新航母“伊丽莎白女王”号在海试期间发生重大泄漏事故，造成海水倒灌，每小时有超过 200 升海水涌入，被迫返港维修。事故原因是航母螺旋桨传动轴的密封出现问题导致了泄漏。因此，如何防止泄漏成为航空航天、航海、石油化工、机械、发电、冶金、矿山等领域中一个重要的研究课题，相关的密封技术研究就显得极为重要。

传统的密封技术，例如垫片密封、填料密封等，其结构简单，成本较低，是解决静密封问题的有效途径。然而，在解决动密封问题时，大部分传统密封结构因与转轴之间存在不可避免的摩擦磨损，存在密封寿命较短、可靠性不高等问题；螺旋密封及迷宫密封虽不存在摩擦磨损，但存在泄漏问题。新型的磁流体密封技术因克服了传统密封技术的不足，表现出无磨损、“零”泄漏等诸多优点，逐步得到研究人员的关注。

磁流体密封是一种新型的液体密封形式，其采用聚磁结构实现了非均匀的磁场分布，将磁流体约束在密封间隙中，从而实现密封的目的。在密封气体时，磁流体密封技术不仅可以消除机械密封和填料密封结构存在的摩擦磨损，还可以实现“零”泄漏，同时，由于磁流体较低的黏性摩擦，其使用寿命可达 10 年以上。目前，磁流体密封气体的技术已发展到比较成熟的阶段，已应用于航空航天、军工装备、真空设备、化工生产、石油勘探、生物医学、电子设备等多个领域。

随着对磁流体密封相关研究的不断深入，磁流体密封的应用范围正在不断扩展。众所周知，在石油、化工、造船、海洋工程等诸多领域，需要在液体环境下完成密封，现有的传统密封技术由于其耐久性差及存在泄漏等问题不能够完全胜任。作为一种新型的密封方式，磁流体密封以其独特的优点在密封液体方面有着广阔的应用前景。但截至目前,因液体环境中磁流体密封的运行涉及复杂的物理过程,其密封性能较差,耐压能力较弱,密封寿命较短;已有的研究结果仅表明,液体环境下磁流体密封的性能与磁流体材料的性能及密封的几何结构和运动参数有关,磁流体密封液体的失效机理尚不明确,未见能够有效密封液体的磁流体密封结构。因此,需要针对磁流体密封液体的理论和结构设计进行进一步的研究。

基于以上背景,本书以水作为被密封液体,从理论上对磁流体密封液体的破坏机理及耐压能力进行深入研究,并用实验进行验证。在此基础上,对传统的磁流体密封液体的结构进行改进,期望能显著提高磁流体密封液体的密封性能。

## 1.2 磁流体概述

磁流体(英语名称常见为“magnetic fluid”),又叫铁磁流体、磁性流体或磁性液体。磁流体是一种典型的复合磁性材料,是由粒径为纳米量级的磁性固体微粒在特定的表面活性剂的作用下均匀地分散于基载液中并与基载液混合而形成的一种固液相混的胶体溶液,其构成如图 1-1 所示。这种液体在外界磁场、重力场和电场作用下能够长时间保持稳定状态,不产生沉淀和分离。

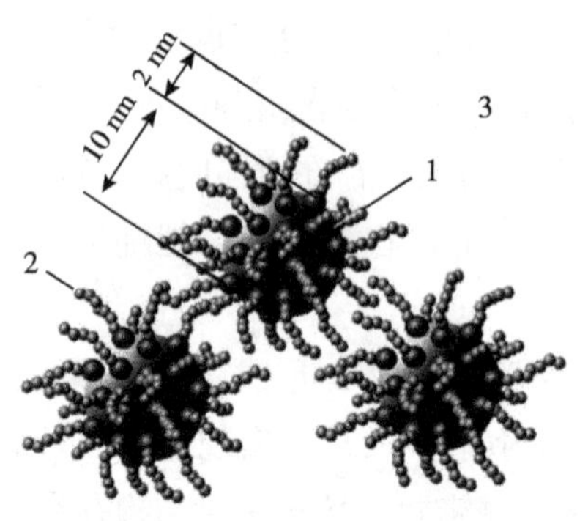


图 1-1 磁流体的组成
1—磁性颗粒 2—表面活性剂 3—基载液

磁流体的组成包括磁性微粒、基载液和表面活性剂。其中,磁性微粒是核心成分,通常选用 $Fe_3O_4$、$MeFe_2O_4$(Me = Co、Mn、Ni 等)、$\gamma-Fe_2O_3$、Fe、Co、Ni、FeNi 和 FeCo 合金等材料,微粒粒径需达到纳米量级;基载液是载体,因为要达到高稳定性、低黏度、低蒸发率、抗辐射、耐高温等要求,通常选用酯及二酯、水、煤油、硅酸盐类、氟碳基化合物等材料;表面活性剂的选择及制备至关重要,是磁流体是否稳定的决定因素，通常选用油酸或亚油酸，更多基载液及表面活性剂的选用可参考相关文献。需要强调的有两点：首先，依据布朗运动原理，磁性微粒体积只有达到足够小，基载液分子才能通过对磁性微粒不断地随机碰撞使其高度分散于基载液中，因此目前磁性微粒粒径要求为纳米量级（常见粒径为10nm）；其次，当两个微粒间距足够小时，两个颗粒会在范德华力的作用下相互吸引，出现磁性微粒团聚及沉淀现象，因此就需要在微粒表面使用表面活性剂。表面活性剂由长链分子构成，“长链”的一端稳定地吸附在磁性微粒表面，另一端自由伸向基载液，其作用非常重要：一方面提供排斥势能，克服范德华力和弱化静磁场吸引力，避免磁性微粒的聚集；另一方面形成微粒表面保护层，防止微粒表面氧化，提升材料使用的稳定性和延长使用寿命。

作为一种固液相混的复合磁性材料，磁流体兼具普通固体磁性材料和普通液体的性质，在外磁场作用下具有独特的物理性质。

第一，具有较好的磁场响应特性。在外界非均匀磁场的作用下，磁流体会被迅速磁化，表现出超顺磁的磁化特性，表面出现“起刺”现象并且聚集在磁场较强的区域，如图1－2所示。当撤去外磁场时，无磁滞现象，也几乎无剩磁现象。

图1－2 磁流体对磁场的响应

第二，具有特殊的流体力学特性。在没有外磁场时，磁流体的流体力学特性与其基载液的流体力学特性相似。但是，在外磁场作用下，它的流体力学特性会发生非常大的改变。一是浮力特性的变化。对一般流体而言，根据阿基米德原理，比重小于流体的物体才能够稳定悬浮于流体中。但是，对于磁流体来说，根据磁流体一阶浮力原理，在非均匀外磁场作用下，比重大于磁流体的物体也可以稳定地悬浮于磁流体中；根据磁流体二阶浮力原理，比重大于磁流体的永磁体也可以稳定地悬浮于磁流体中。二是流变学特性的变化。根据McTague、Shliomis和Raikher的实验结果和理论推导，在外磁场作用下的磁流体泊肃叶流动中，磁场的变化会对液体黏度产生影响，其中平行圆管管道轴线的外磁场对液体黏度产生的影响是垂直圆管管道轴线外磁场影响的两倍。

此外，被磁化的磁流体在声学、光学、热力学和界面不稳定性方面也表现出许多与一般流体不同的特性，如温度特性、磁光特性等。

### 1.2.1 磁流体的发展

“磁流体”这个概念提出很早，与之同步人们开始尝试各种方法来制备这种材料。英国学者 Gowan Kinght 早在 1778 年就尝试通过将铁磁性颗粒分散在基载液的实验来制备磁流体，但因混合物不稳定，实验没有取得成功，相关研究也一度停滞。直到 20 世纪 30 年代，磁流体的研究才又取得了长期持续的发展。1931 年 F. Bitter 制备出 1 μm 的磁铁矿胶体，1938 年剑桥大学学者 W. C. Elmore 发表了关于制备平均粒径为 20 nm 的铁磁性胶体的论文，但当时所制备的磁流体稳定性还比较差。20 世纪 60 年代中期，为解决阿波罗登月计划中宇宙飞船、宇航服可动部分的密封问题和失重状态下液体泵送等问题，美国国家航空和航天管理局（NASA）投入大量资金与人力开展磁流体相关研究并取得重大突破：1965 年 NASA 工程师 S. S. Papell 将磁粉研磨成粒度为 0.1 μm 量级的磁性微粒，第一次成功研制出稳定的铁磁流体。虽然这种粉碎研磨制备技术非常耗时费力，但磁流体在登月行动中发挥了重要作用，并因此成为人们广泛关注的新型材料，其应用研究也逐步展开。1966 年，下饭坂教授首次运用化学方法制备出磁性固体微粒，开启了工业化生产磁流体的进程。之后，磁流体制备方法不断改进，显示出了广泛的应用前景。

在不断寻求更优制备方法的过程中，人们对磁流体的理论研究也在不断加深。1964 年，J. Ncuringer 和 R. Rosensweig 在 *Physics of Fluids* 发表了题为“Ferrohydrodynamics”的论文，为磁流体力学及磁流体热力学的研究奠定了理论基础。1985 年，剑桥大学出版社出版了 R. Rosensweig 的著作“Ferrohydrodynamics”，标志着磁流体领域成为一个独立的学术领域。1977 年，为促进磁流体研究方面的技术交流与合作，B. M. Berkovsky 博士在意大利乌迪涅（Udine）组织召开了第一次有关磁流体的国际会议，此后每 3 年举行一次。2016 年 7 月，俄罗斯举行了第 14 届国际磁流体会议，会议从磁流体的物理特性、综合性质、传热与传质、磁性高分子复合材料、理论和数值模拟、生物技术应用及结构和流变性能 7 个部分，充分讨论并展示了磁性纳米粒子合成、新型磁弹性和磁复合材料、复杂的自组装偶极系统的开发、医疗和技术应用等磁流体性能和应用的最新前沿成果。2011 年，美国航空航天局(NASA)在其网站发布信息,指出在今后10年研究的一个重点领域就是磁流体及其密封。

### 1.2.2 磁流体的分类及制备方法

#### 1.2.2.1 磁流体的分类

磁流体是一种混合型磁性材料,通过变化其内部各材料的组成可形成不同的磁流体。考虑到表面活性剂不是影响磁流体物理特性的主要因素,通常按照磁性微粒或基载液的不同对磁流体进行分类。

根据基载液的不同,磁流体可分为水基、煤油基、机油基、酯基、硅油基、氟碳化合物基及水银基等种类。水基磁流体制备工艺简单便捷、成本较低,黏度小,多应用于医疗、选矿等行业,缺点是饱和磁化强度低。煤油和机油属于碳氢化合物,煤油基和机油基磁流体制备工艺成熟、饱和磁化强度较高,应用范围较广。其中,机油基磁流体可以通过选择不同的机油基载液,达到工作需要的黏度要求。酯基磁流体蒸气压较低,黏度较大,性能较好,应用广泛,尤其适用于真空机高速密封的工作环境,缺点是制备成本较高。氟碳化合物基磁流体的优点是化学性质稳定,可应用于存在酸碱物质腐蚀的工作环境,缺点是制备困难,国内目前还在研究阶段。硅油基磁流体具有黏度受温度影响较小的特性,可应用于温度变化较大的工作环境中。水银基磁流体饱和磁化强度较高、导热性较好。

根据磁性微粒的不同,磁流体可分为铁氧体磁流体、铁氮化合物磁流体及金属磁流体。铁氧体磁流体是指由$Fe_3O_4$、$MeFe_2O_4$($Me = Co, Mn, Ni$ 等)及$\gamma - Fe_2O_3$等铁氧体作为磁性微粒的磁流体,其中磁性微粒为$Fe_3O_4$的磁流体应用最为广泛。铁氮化合物磁流体是指由$Fe_4N$、$\alpha - \gamma - Fe_3N$及$Fe_8N$等铁氮化合物作为磁性微粒的磁流体。金属磁流体是指由Fe、Ni、Co或NiFe、FeCo等合金作为磁性微粒的磁流体。

#### 1.2.2.2 磁流体的制备

制备磁流体时,首先需要制备磁性微粒,然后在一定条件下将磁性微粒和基载液合成为磁流体。

关于磁性微粒的选择和制备,目前常用的是$Fe_3O_4$微粒。这是因为磁流体的一个重要物理特性指标是饱和磁化强度,在几种类别的磁流体中,金属磁流体的饱和磁化强度虽然可达1500 Gs,但目前的制备方法无法有效阻止金属微粒的氧化;铁氮化合物磁流体的饱和磁化强度较高、化学稳定性也较强,但是制备困难、成本较高；磁性微粒是 $Fe_3O_4$ 的磁流体的饱和磁化强度虽然最高只能达到850 Gs，但制备相对容易。纳米级 $Fe_3O_4$ 微粒的制备原理是将铁盐与亚铁盐水溶液混合发生化学反应生成 $Fe_3O_4$ 微粒。制备方法主要有两种，分别为化学共沉淀法和球磨法（粉碎法）。化学共沉淀法是将一定量的 $FeCl_2 \cdot 4H_2O$ 和 $FeCl_3 \cdot 6H_2O$ 在去离子水中稀释混合；加入一定量的氨水，再加入表面活性剂，保持一定温度持续高速搅拌；反应数小时直到完全析出 $Fe_3O_4$；加入沉降剂、多次清洗并烘干后即可得到干燥的 $Fe_3O_4$ 微粒。这种方法制备的 $Fe_3O_4$ 微粒粒径范围可达2～20 nm（平均粒径7 nm），表面吸附能力较好，生产效率较高，生产成本较低，能够实现自动化规模生产，在工业上得到了广泛的应用。球磨法是将一定量的 $FeCl_2$ 和 $FeCl_3$ 的溶液混合；加入氨水，充分搅拌；加入表面活性剂混合后放入球磨罐进行研磨；取出沉淀物，清洗烘干后即可得到干燥的 $Fe_3O_4$ 微粒。这种方法制备时间较长，生产成本较大，不适合大规模加工生产。两种制备方法的原理一致，基本化学反应公式相同，不同之处是：化学共沉淀法利用温度控制提升反应速度，球磨法利用机械原理使反应更加充分，颗粒更加均匀。在整个化学反应过程中，前驱溶液浓度、反应物配比、温度、pH 等因素会对最终生成物产生影响。实验结果表明，反应溶液 $FeCl_2$ 和 $FeCl_3$ 的浓度为0.6 mol/L、$Fe^{3+}$ 与 $Fe^{2+}$ 的用量比为1.75、温度在60～80℃、pH 大于10时，生成的 $Fe_3O_4$ 磁性微粒最纯净、均匀细小、表面活性剂包覆完全，反应效率较高。

制备出干燥的 $Fe_3O_4$ 磁性微粒后，再选择相应的基载液，磁流体的合成就相对比较容易了。关于基载液的选择，本书选用是与水不互溶的机油。机油基磁流体的合成步骤为：将含有表面活性剂的一定量机油加入烧杯中，在一定温度下加入适量的 $Fe_3O_4$ 磁性微粒。保持在一定温度下，搅拌，去除残余水分，便得到所需的机油基磁流体。在这里通过选择不同的机油量和铁粉量的相对值，便可得到不同浓度的机油基磁流体。

### 1.2.3 磁流体的典型应用

如前所述，磁流体既具有液体的流动性，又有磁性固体的磁性。因此，在外磁场作用下，磁流体可以进行自身定位、定向移动，可以改变磁性微粒的聚集形式、浓度等，同时具有磁化特性、磁黏特性、温度特性、磁光特性等。这些独特的性能和现象得到了广泛的应用，如表1－1所示。

表1-1 磁流体的应用

| 利用原理 | 应用范围 |
|---|---|
| 液体的固定 | 轴密封、润滑、密封滚动轴承、扬声器、印刷机防止墨水干燥、定速装置、光耦合装置、精密研磨、密封塞、阻尼除振、观察磁畴、定向淬火、计算机硬盘驱动器防护 |
| 液体的运动 | 流量调整阀、流道变更阀、热力机、快速印刷、电磁阀、液体压力调整阀、磁流体驱动发动机、压缩机、加速度计、传动装置、计量阀、医学与生物学造影剂 |
| 液体特性变化 | 油水分离、矿切分离、流体变速器、光开闭器、黏性连接装置、发动机固定装置、光滋记录介质比重筛选、液体声波接收器、研磨机、消震台、倾斜传感器、涡轮叶片的检验 |
| 液体表面形状变形 | 吸音体、分级复联装置、超声波聚焦机、换能器、各向异性、执行元件 |
| 其他 | 印刷油墨、调制化妆品、做教学模具的地球模型等 |

随着磁流体研究的逐步深入，磁流体被应用于密封、传感器、润滑、研磨器、减振器及扬声器等设备中，涉及军工装备、化工生产、真空设备、石油勘探、航空航天、电子设备、生物医学等多个领域。

1.2.3.1 **密封**

磁流体密封是当今磁流体应用中发展最为成熟的一个方向。其密封原理如图1-3所示，密封结构主体由非磁性外壳、环形极靴、环形永磁体、导磁轴和磁流体构成。极靴与外壳之间依靠“O”形橡胶密封圈静密封，极靴与轴的间隙通过轴承来定位，极靴的表面开若干齿槽，将磁流体注入极齿与轴的间隙内。这样，在由永磁体、环形极靴和轴组成的闭合磁路产生的强磁场作用力下，磁流体被局限于每一个齿槽处的间隙中，在极齿的极尖位置形成若干个“O”形的磁流体圈，组合成多级密封结构，达到密封目的。

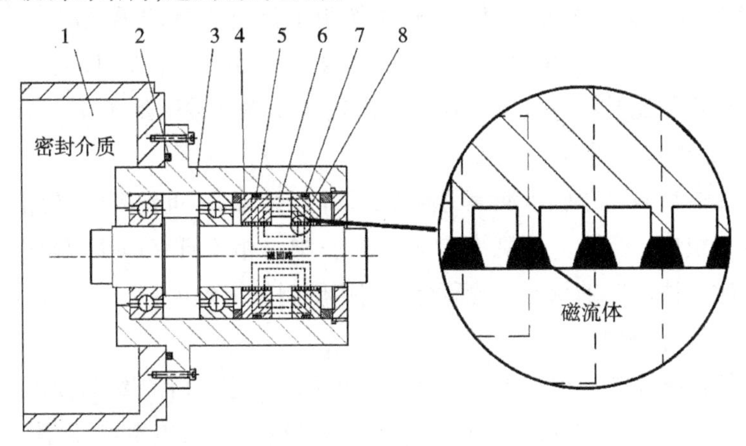


图1-3 磁流体密封结构原理图
1—密封腔 2,5,7—橡胶密封圈 3—外壳 4,8 极靴 6—永磁体

磁流体密封与传统密封相比具有如下优点：

(1)零泄漏，从静止至高速运转全过程零泄漏。

(2)寿命较长，无须维护可使用10年以上。

(3)结构较简单、可靠性较高。

(4)具有自修复功能。

(5)对轴的对中性要求较低。

(6)摩擦黏性较低，运转较平稳。

(7)尤其适用于对内含固体颗粒的材料的密封。

在强磁场作用力下，磁流体可以把液体中所有杂质颗粒都排斥到液体外，避免了固体颗粒对磁流体密封结构的磨损和因此引发的密封提前失效的情况。

(8)高、低温下扭矩的变化较小。

按照密封形式分，磁流体密封可分为磁流体静密封、磁流体旋转密封和磁流体往复密封。本书将重点研究磁流体旋转密封液体的相关内容。经过数十年的研究和发展，磁流体密封应用领域不断扩展，在单晶硅炉、化工生产、军工装备、空间技术等诸多领域发挥着重要作用。

#### 1.2.3.2 润滑

磁流体也常被看作一种新型润滑剂，应用于轴承润滑。这是因为磁流体的基载液本身具有一定的润滑作用；磁性微粒受基载液的包裹，对物体磨损非常小；在外磁场作用力下，磁力可以抵消重力及向心力等，使磁流体持续保持在润滑部位，实现无泄漏无损耗连续、高效地润滑，无须加装润滑剂供应系统，不会造成环境污染；磁流体的黏度较大，在磁场作用下具有更高的承载能力和抗振性能；磁流体可以有效减小润滑表面的摩擦系数，有实验数据表明，磁流体作为润滑剂的摩擦系数比其基载液本身作为润滑剂的摩擦系数降低了32.1%，且磁场越大，润滑效果也越明显。

关于磁流体应用于轴承润滑的研究，国外开始于20世纪80年代末，目前已成功应用于机床、飞机、电动机等工业设备上；国内相关研究仍处于初级阶段，还没有用于磁流体滑动轴承的实验研究及应用研制的报告。

#### 1.2.3.3 传感器

磁流体传感器首次出现于20世纪60年代，在此基础上陆续研发出多种磁流体传感及测量设备，包括磁流体压差传感器、磁流体磁场传感器、磁流体振动传感器、磁流体加速度传感器、磁流体水平传感器、磁流体陀螺仪、磁流体流量传感器等。下面以磁流体压差传感器为例简要介绍典型磁流体传感器的结构原理。

如图1－4所示,将磁流体注入U型管中,要求液面高度处于环绕在U型管管臂上的两个电管线圈的位置。当两端压力 $P_1 = P_2$ 时,U型管两端磁流体液面高度相同;当 $P_1 \neq P_2$ 时,液压差会使一端液面升高一端液面降低。依据管臂外两个电感线圈将液面高度差转化成电信号,测算出U型管两端的压力之差。磁流体传感和测量设备的工作原理主要是基于磁流体具有的高磁导率、可流动性、一阶浮力原理、二阶浮力原理以及磁通门现象等特性。

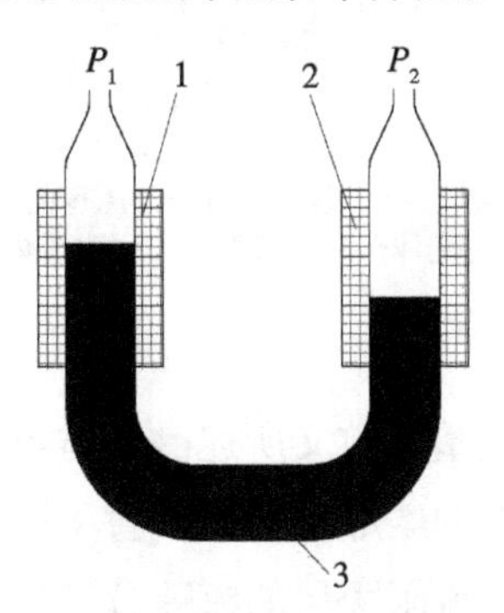


图1－4 磁流体压差传感器
1,2—电感线圈 3—磁流体

### 1.2.3.4 阻尼减振

磁流体因兼具有磁性和液体流动性两种性质,既可以用作被动减振,又可以实现对振动的主动控制。在磁流体阻尼出现之前,同样具有这两种特性的磁流变液阻尼器系列产品已经问世,但是应用起来相对复杂。磁流体阻尼因其具有结构简单紧凑、零磨损、无须外供电源、低成本、安装简单等独特的优点被广泛地应用于液体阻尼中。

磁流体的阻尼减振功能主要是通过如下磁流体的特性得以实现:磁流体在外磁场作用下受到磁体积力,浸没于磁流体中的物体受到阿基米德浮力及磁浮力,磁浮力随外加磁场作用力的变化而变化。按照磁流体的工作模式,磁流体阻尼可以分为三类:流动模式、剪切模式及挤压模式;按应用类型可以分为两类:磁流体阻尼器件和器件中的设计部件。

图1－5为航天器太阳能帆板被动减振器原理图,其主结构由壳体、永磁体和磁流体组成。磁流体在永磁体磁场作用下包裹住永磁体,使永磁体悬浮在壳体内腔中不与壳壁发生接触;减振器与振动物固定连接,当振动物振动时,永磁体会因惯性力产生与运动方向相反的相对壳体的位移,与磁流体产生黏性摩擦耗能来实现减振的目的。该减振器的优点包括:①被动减振,无须外部供电及控

制电路；②结构简单、可靠性高；③对惯性力敏感；④体积小、重量轻。因此特别适用于太空等失重环境下的低频振动，也同时满足太空环境对航天器耗能的严格要求。

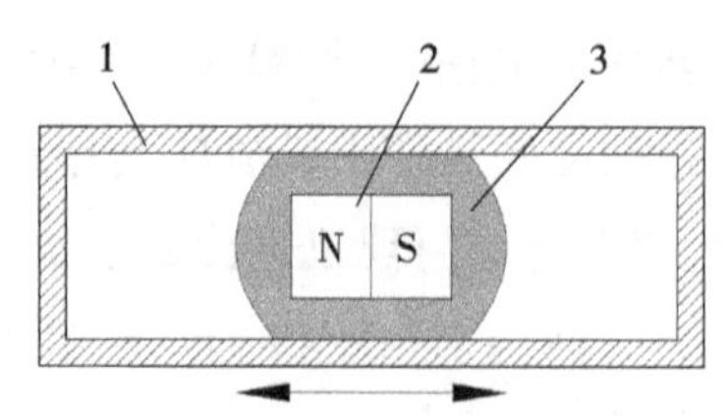


图1－5　磁流体减振器原理图
1—壳体　2—永磁体　3—磁流体

#### 1.2.3.5　黏性减阻

磁流体黏性减阻技术，是基于前文所述磁流体特性，磁流体在外加磁场的作用力下吸附在边界表面，形成的柔顺边界面代替了刚性边界面，使边界面随着流体的流动而发生同步波动，层流附面层的流速分布也随之发生改变，使边界层表面的流速大于零，边界面上的流速梯度也随之减小，从而减小边界面上的剪力，由剪力做功而消耗的能量相应减小，从而达到减阻并提高流速的目的。如图1－6所示，该技术可分为外流减阻与内流减阻两种形式。

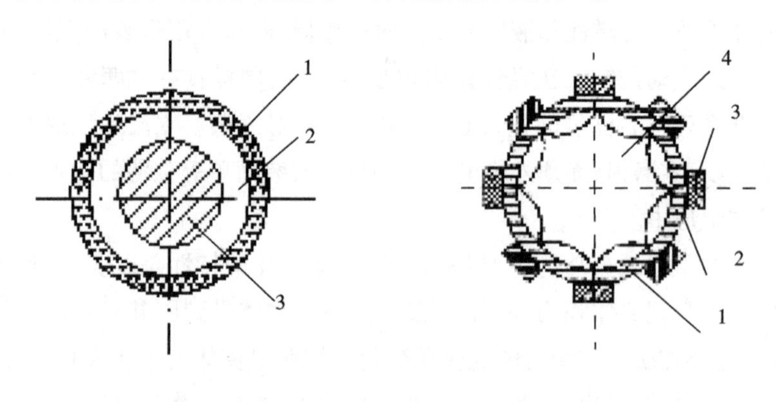


(a)外流减阻　　(b)内流减阻
图1－6　磁流体黏性减阻示意图
1—磁流体涂层　2—管道　3—磁铁　4—被输送液体

作为一种新的减阻技术，磁流体黏性减阻技术具有减阻效果明显、适用范围广、可控性好、节约能源等优点。目前国际上相关研究较少，管道减阻方面仍有大量问题有待研究。例如，需深入探讨磁流体涂层的减阻机理，进一步分析明确减阻主要因素，是磁流体提供的可控柔顺表面消除了粗糙度，还是由于磁场对磁流体涂层的作用,使磁流体内的速度分布发生改变导致壁面剪力下降;需研究合适的磁流体涂层厚度,如果太薄会影响涂层内的循环,如果太厚又会减小管道的有效面积,涂层与输送液体会发生界面不稳定,导致涂层被输送液体带走的现象;需合理设计磁流体涂层减阻的磁场结构;需要在求解磁流体与被输送液体内速度分布表达式、流量及流量与压差关系表达式时,考虑磁场体积力的作用、黏度随剪切速率及磁场强度的变化等。

#### 1.2.3.6　磁流体在医学领域中的应用

近年来,磁流体在生物医学上的应用是磁流体研究中一个热门课题,已经成为磁流体国际会议(ICMF)的一个专题领域。磁流体作为靶向药物的载体,在外磁场作用下,可以把药物准确地引导至病变区域并持续作用于病变区域;磁流体用于肿瘤局部热疗法,在肿瘤区域,通过交变磁场加热磁流体到43℃,直接杀死区域中的癌变细胞;磁流体用于形成局部血管血栓,应用于外科肿瘤切除手术,减少出血和活性肿瘤细胞转移的概率;磁流体用作X射线造影检查中的造影剂;磁流体用于眼部手术后视网膜脱离修复的定位填塞技术,磁化巩膜的磁流体中分散着4~10 nm超细硅磁性粒子,与三嵌段共聚物的空间稳定剂保持相对稳定,成功实现了对视网膜360°的内部填充覆盖。

#### 1.2.3.7　磁流体在扬声器中的应用

磁流体注入扬声器可显著改善扬声器功效,如图1-17所示。包括:①磁流体的导热率高于空气,可以显著提高散热性能,加快音圈的冷却,从而可以承受更大的功率,有实验数据表明可提高至2倍;②磁流体注入在极靴与音圈的间隙中,避免了音圈与永磁体之间的摩擦,消除了失真,改善了扬声器的频率特性;③磁流体能够提高扬声器内部的磁通密度,提升低音质量。

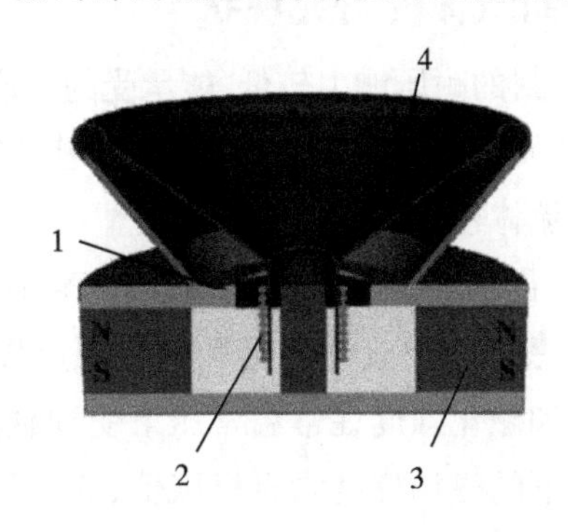


图1-7　磁流体注入扬声器示意图
1—磁流体　2—冷却线圈　3—永磁体　4—隔膜

除了以上这些典型应用外，磁流体在声学、光学、热力学等领域还有着广阔的应用前景。随着磁流体基础理论的不断深入，磁流体制备工艺的不断改进，更高效便捷的磁流体制备方法的提出以及更多不同基载液磁流体的成功研制，磁流体与其他学科的交叉将会更为深入，并进一步拓宽其应用领域。

## 1.3 磁流体密封的研究现状

磁流体密封技术是近年来兴起的一种密封技术。磁流体密封的研究与传统的密封技术相比起步较晚，但该技术无论在理论上还是在实际应用中都取得了显著的成果。因磁流体密封具有寿命长、可靠性高、"零"泄漏且结构相对简单等优点，其在航空航天、机械、石油化工等诸多领域已经得到了广泛的应用。

1948 年，美国著名科学家 Rosensweig 申请了世界上第一个磁流体密封的专利，尽管其制作技术比较落后，制备出较大的磁性颗粒导致磁流体在外磁场作用下黏滞力很大，密封效果不佳，但其积极地推动了磁流体密封技术研究的开展。1951 年 Adolph Razdowitz 申请了一项美国专利，用于解决在航空雷达的同心引线接头上的动密封问题。1953 年，Vickers 提出了一种新型的磁流体制备方法，虽然此方法制备出的磁流体用于密封实验时的效果不佳，但是磁流体在密封方面广阔的应用前景已经开始逐步被人们意识到。与此同时，传统密封技术存在的不足也推动了新型的磁流体密封技术的研究进程。1964 年，Rosensweig 撰写了一篇题为 *Ferrohydrodynamics* 的专著，为磁流体力学及磁流体热力学奠定了理论基础。

### 1.3.1 磁流体密封气体的研究现状

目前，传统的磁流体密封的耐压能力较低、能承受的线速度较小，且运用的环境温度不高，为了进一步拓展其应用范围，学者们提出了一些新型的磁流体密封方式。

#### 1.3.1.1 组合式磁流体密封

磁流体密封的单个极齿的耐压能力约为 0.02MPa，耐压能力较低。为了提高其单级耐压能力，可考虑提高磁流体的饱和磁化强度以及提高极齿下的磁场梯度。然而，磁流体的饱和磁化强度在常温常压下受到磁流体黏度的制约，难以大幅提高；不同材料极齿下的磁场梯度均有极限值，故磁场梯度的提高也受到了限制。因此，仅靠提升磁流体饱和磁化强度及极齿下磁场梯度来提升磁流体密封耐压能力有其局限性。为了提高磁流体密封的耐压能力，多采用多级磁流体密封结构。一般认为，磁流体密封的总耐压能力等于各级密封的耐压能力之和，但在实际应用中，总耐压能力一般都低于各级耐压能力之和，其主要原因是磁流体在各级极齿处的分布不够均匀。可通过增加磁流体密封的级数来达到耐压需求，然而增加级数会使磁流体密封的轴向长度增加。其他的密封形式如机械密封、填料密封等发展较为成熟，耐压能力也较高，但均无法做到“零”泄漏，且各有优缺点。由此，李德才等认为可通过磁流体密封与其他密封形式组合这一途径来有效提升磁流体密封的耐压能力。

磁流体密封可以与双螺旋密封、机械密封等多种密封形式进行组合。以磁流体密封和双螺旋密封组合为例，因双螺旋密封的结构简单且其耐压能力较强，其在密封领域中应用广泛。然而，双螺旋密封必须在较高的转轴转速下运行才能达到较好的密封效果，在启动、停车及低速运行阶段易发生泄漏问题，而磁流体密封在转轴静止或旋转时均可达到零泄漏。因此，李德才等提出了一种磁流体密封与双螺旋密封的组合密封装置，将双螺旋密封和磁流体密封创造性地组合，使其发挥各自的优势，如图1－8所示。左、右螺旋套（3－1、3－2）圆柱外表面上的螺纹的旋向相反。当转轴高速旋转时，进入左、右螺旋套的磁流体会受到两个螺旋套上螺纹的推动向永磁体4所处位置挤压，形成液体密封，进而达到密封的目的。当启动、停车或低转速时，虽然螺旋的推动作用不明显，但是永磁体、左螺旋套、右螺旋套和外壳形成磁回路，将磁流体束缚在密封间隙内部，形成磁流体密封圈，最终达到密封的目的。此时，磁流体密封起作用。

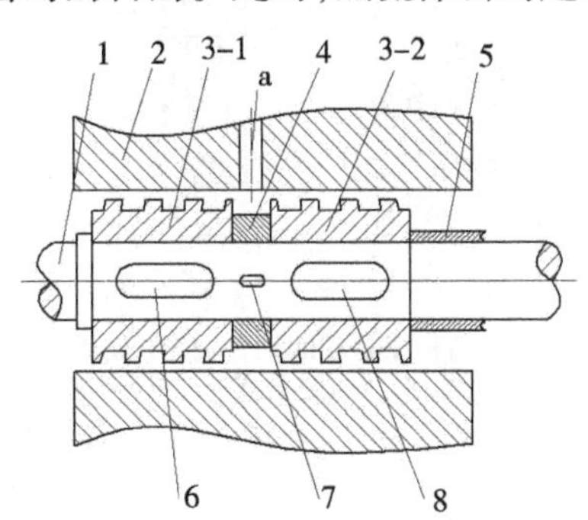


图1－8　双螺旋磁流体密封
1—转轴　2—外壳　3－1—左螺旋套　3－2—右螺旋套　4—永磁体
5—轴套　6,7,8—平键　a—磁流体注入孔

设计磁流体密封与其他形式密封的组合密封时，需要分析其密封原理，不能违背其基本机理，否则很难达到预期效果。例如，将迷宫密封与磁流体密封简单组合就不能够达到预期效果，这是因为迷宫密封的机理是通过被密封介质在泄

漏通道内流动能量的逐步降低来减缓泄漏，故该密封需要存在泄漏通道，而具有零泄漏优点的磁流体密封将封闭泄漏通道，迷宫密封在此情况下失效。因此，上述两种密封的简单组合不能够实现预期效果。

#### 1.3.1.2 高温高线速度的磁流体密封

高温下磁流体密封的寿命主要取决于其基载液蒸发的温度。在此条件下使用的磁流体一般是由特殊的硅油或合成油制备的。当温度高达150℃时，它可以保证磁流体密封正常工作，临界温度约为200℃。在高温环境下，磁流体密封装置的局部会集中大量热量，尤其当转轴转速很高时，流体内部摩擦导致在磁流体处产生大量热量。这种情况下，在密封结构中需要采用额外的冷却系统。

如图1－9所示为由FerroLabs开发的用于工业高温生物反应器中的多唇密封管道。这个管道安装在轴1上，使用一个转动的套筒2通过夹紧环6与轴相连。磁流体密封系统由固定的永久磁铁7、安装在固定套筒3上的极靴8、转动套筒2的唇以及在唇和极靴间隙内的磁流体9组成。滚动轴承4和5保证了磁流体所处间隙的几何形状保持不变。

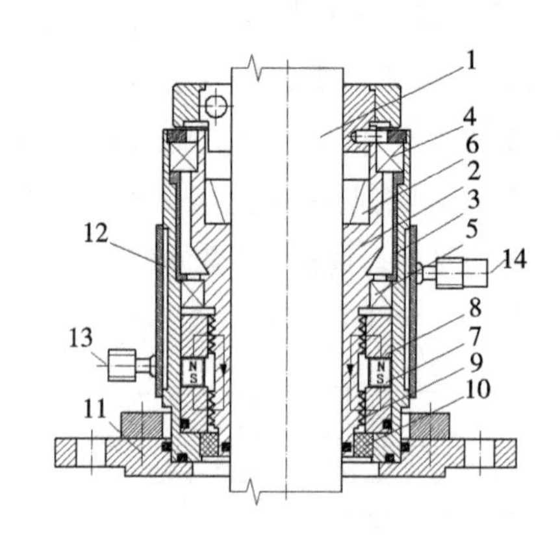


图1－9 磁流体密封圈的垂直轴与外部冷却系统

1—轴 2—旋转套管 3—固定套筒 4,5—滚动轴承 6—夹紧环 7—永久磁铁 8—极靴 9—磁流体 10—滑动环法兰 11—法兰 12—水套 13—冷却水入口 14—冷却水出口

固定套筒3的大部分长度被水套环12所包围，因此磁流体密封可以免受周围环境温度的影响。同时，水在高速运转时带走了磁流体中产生的热量。根据生产商提供的数据，这种磁流体密封圈可以在高达1200℃的环境温度下工作，当压力不超过0.3 MPa时，线速度最大可以达到15 m/s。这种管道可与直径从40～100 mm的轴配套，并允许转轴存在横向振动，振幅不超过0.7 mm。

图1－10为由Tietze提出的一个为高速转轴设计的带有外部和内部冷却系

统的磁流体密封。在这个设计中,冷却液(水)通过极靴5、6和空心轴2中的通道9被输送到密封结构中。

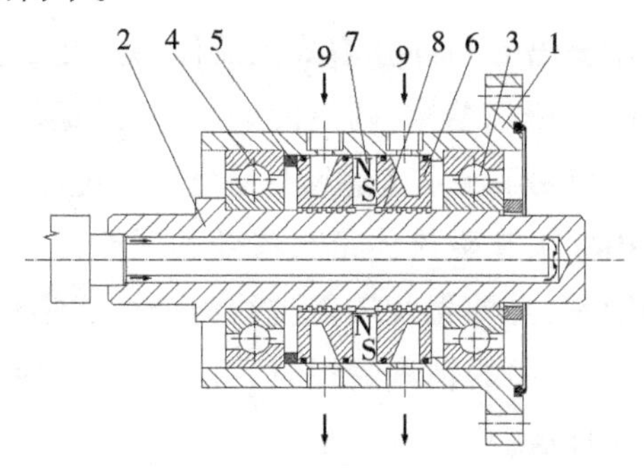


图1-10 用外部和内部冷却系统的高速旋转轴的磁流体密封
1—套管 2—空心轴 3,4—滚动轴承 5,6—极靴 7—永久磁铁 8—磁流体 9—通道

除了以上常用的采用液体通过管道的冷却方法外,帕尔贴半导体制冷则是一种实用的新型的制冷方式,其结构简单、体积小且制冷效果明显。图1-11为李德才等提出的采用帕尔帖冷却的磁流体密封装置,其外壳外表面为六棱柱形,六个面上均设置帕尔帖半导体,并把极齿设置于极靴外圆柱面,冷却效果进一步提高。

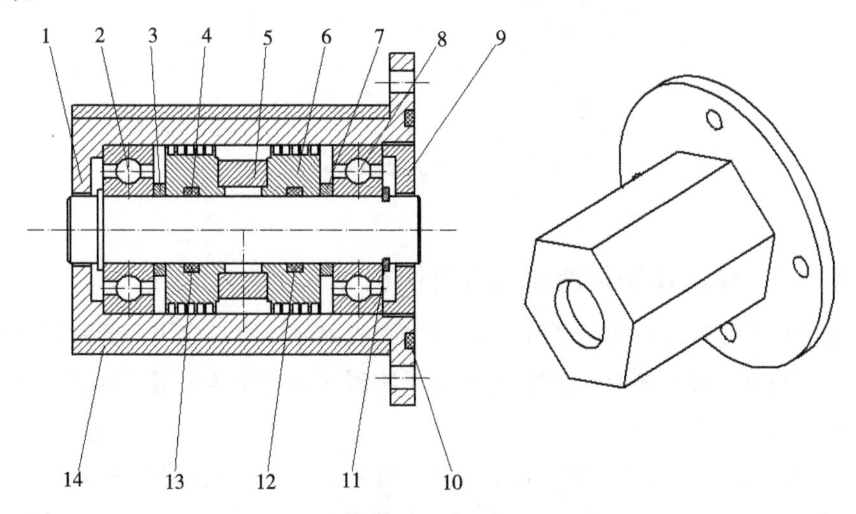


图1-11 帕尔帖冷却式磁流体密封装置
1—外壳 2,8—轴承 3,7—隔磁环 4,6—极靴 5—永磁体 9—端盖
10,12,13—密封圈 11—卡簧 14—帕尔贴

### 1.3.1.3 分瓣式磁流体密封

在航空航天、军工等领域中,很多情况下转轴轴端连接设备的结构较复杂,

不易拆装，甚至有不允许拆装的情况，这对于传统的磁流体密封来说，其装配和更换问题均较难解决。

图1－12为李德才提出的一种分瓣式磁流体密封装置，该密封装置将磁流体密封做成上下两瓣的分瓣式结构，两瓣间采用螺栓、螺母连接，端面间采用密封胶进行密封。此结构成功解决了上述密封装置的装配和更换难题。

为了减少由轴承损坏引起磁流体密封失效的可能性，可在分瓣式磁流体密封中选用分瓣式滚动轴承，且外壳及端盖也均为分瓣式结构，极靴为整体结构。这种情况下，如果密封装置中的轴承受损时，可以方便更换，从而解决了分瓣式结构中的极靴极齿密封难题。

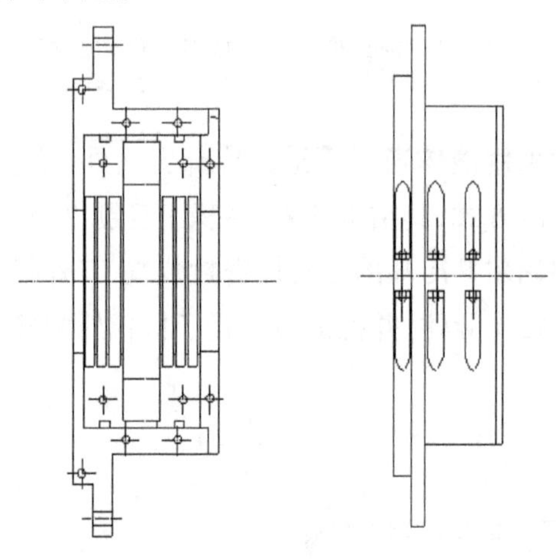

图1－12　分瓣式磁流体密封

### 1.3.2　磁流体密封液体的研究现状

磁流体现已广泛应用于密封气体。然而，将磁流体密封应用于密封液体时，在磁流体与另一种液体的界面处，存在若干物理作用和化学作用，致使磁流体的密封性能明显下降。

从20世纪70年代起，陆续有学者开始研究用磁流体密封液体的问题。

1980年，Williams和Malsky试验了一种极低转速（1 r/min）下的用于密封水和氟碳液体冷却液的二酯基磁流体密封的性能，获得成功，然而其基本接近于静密封。

1990年，Kurfess对磁流体密封液体时的稳定性和耐久性进行了实验研究，结果表明，磁流体的消耗取决于磁流体与被密封液体的性质、转轴转速、密封温度以及磁场强度。首先,需要选择合适的磁流体,使其与要密封的液体形成化学稳定的界面;其次,用适当的保护磁流体的环来阻止被密封液体与磁流体接触,可显著地延长密封寿命。通常情况下,较低转轴转速下的密封寿命明显高于较高转轴转速的密封寿命。

1999 年,Kim 等人研究了应用于润滑剂保持器的磁流体密封的基本特性,选择了表面活性剂为二氧化硅的乙二醇基磁流体。润滑油密封组件由永磁体和六级极靴等组成,在 1800 r/min 的转速下表现出较好的耐压能力。涂覆有二氧化硅的铁磁流体可以用于长寿命油封,不会由于氧化而使流体的磁特性退化。虽然该研究的耐压能力较强,但其表面线速度不高。

2002 年,Rosensweig 根据优化的 Kelvin - Helmholtz 不稳定性方程,在考虑磁场、相对磁导率、密度和表面张力的情况下,用公式预测了磁流体与被密封液体界面处相对速度超出一定范围时的不稳定性。该研究成果对磁流体密封液体介质的研究具有重要的指导意义。

2003 年,Kim 等制成了铁 - 钴粉末,将铁 - 钴磁流体成功地应用于高压油的密封。该粉末涂覆着有助于防止聚集的二氧化硅和三种不同的表面活性剂。粉末粒径平均为 9.4 nm,20 周后才观察到很少的颗粒沉降。密封性能实验表明,铁 - 钴磁流体密封可以维持的压力是常规磁铁矿磁流体的 25 倍。

现在水下机器人(URV)技术已经比较发达,然而 URV 的设计仍然存在很多困难。URV 的传感器和控制系统以及机械密封装置是其设计环节遇到的主要障碍。URV 机械密封装置存在的问题可能导致导航命令失效并且损坏 URV 的主要部件。因此,为 URV 设计可靠的密封装置非常重要。为了克服 URV 机械密封的缺陷,Kim 等人在 2010 年提出通过调节磁流体密封气室内的压力来分离液体与气体的新型磁流体密封。一种新的计算方法被用于估计磁流体密封的最大耐压能力中。实验表明,在 URV 中采用新型磁流体密封效果良好。在磁流体密封拆卸之后,未观察到泄漏。这意味着新型磁流体密封可以很好地解决 URV 装置的密封问题。

Szydlo 和 Matuszewski 等人对磁流体密封在水中的应用进行了持续的研究,并多次发表研究结果。研究结果表明,当在水或其他液体环境中工作时,虽然设计了混合式两级密封结构,用隔离环或机械密封等保护措施,但是磁流体与环境液体之间始终存在着直接接触的问题。只有在较低的运动速度范围内疏水性商用磁流体才可有效地用于密封液体中。Szczech 等也做了类似的研究,得到了相似的研究结果,即只有转轴旋转对应的线速度在较低的范围内时磁流体才能被有效地应用于密封液体场合。

治疗心脏疾病时,旋转血泵由于其体积小且不需要人工心脏瓣膜等优点已被应用于临床。旋转式血液泵中的叶轮由直接驱动系统驱动时,叶轮直接连接到电机上。虽然这是一个简单且高效的结构,但是在血液室和电机之间的边界处需要一个旋转轴密封。该密封位置是血栓形成和溶血最常见的部位,且传统机械密封的寿命比实际所需的长期使用的寿命短得多。由于磁流体密封中转轴自由旋转且并无摩擦热与材料的磨损,故以日本东京大学的 Mitamura 为代表的研究者们从 2001 年起一直致力于磁流体密封在旋转血泵上应用的研究工作。磁流体密封在旋转血泵上的应用位置如图 1 - 13 所示。

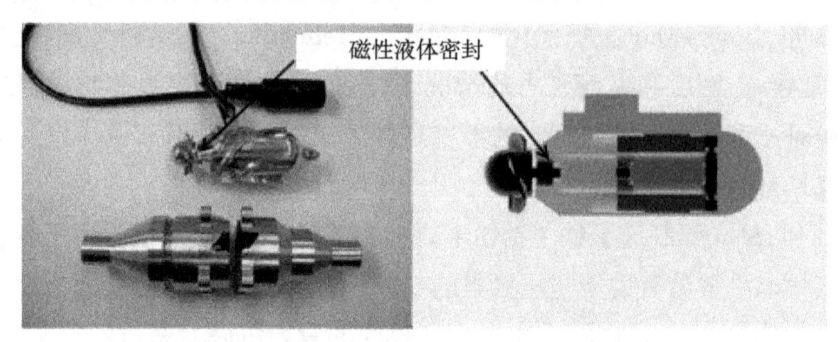


图 1 - 13　磁流体密封在血泵上的应用位置

Mitamura 等人在 2010 年对比研究了三种用于旋转血泵的磁流体密封结构的密封性能,如图 1 - 14 所示。

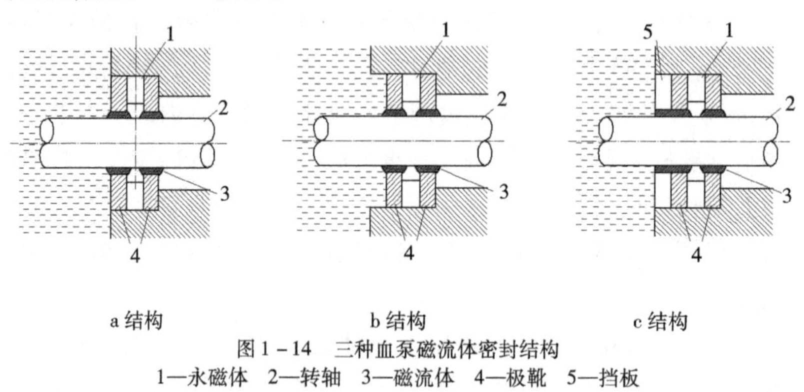


图 1 - 14　三种血泵磁流体密封结构
1—永磁体　2—转轴　3—磁流体　4—极靴　5—挡板

a 结构为传统形式的密封结构,即磁流体与液体完全接触;b 结构与 a 结构相同,但安装在距离被密封液体下液面以下 1 mm 处;c 结构的结构形式具有隔离装置,减小与液体的接触面积,同样密封部位安装在距离被密封液体下液面以下 1 mm 处。a 结构在 6 天后失效,b 结构失效时间为 20 天,c 结构为 217 天。三种结构具有不同密封寿命的原因是磁流体周围被密封液体的不同流动状况决定的。文章用有限元软件分析了血泵及磁流体附件的流场，添加了隔离装置，使在血泵中应用的磁流体密封的使用寿命明显提高。

2013 年，Mitamura 设计了新的隔离环，进一步研究了挡板的效果，通过模拟和实验研究了在水中磁流体密封的行为，如图 1－15 所示。该研究在离心泵中分别安装两种磁流体密封结构，一种是添加隔离环的磁流体密封结构，另一种是没有隔离环的磁流体密封结构。应用摄像机和高速显微镜观察水中磁流体密封的行为。在没有隔离环的密封结构中，水的表面波动、湍流影响磁流体密封行为。相比之下，即使转轴在高转速下，有隔离环的磁流体密封结构表现稳定。流体动力学分析显示，新密封结构中磁流体和水的界面上两种液体的速度差较小，磁流体密封的在水中的使用寿命明显延长，能够正常持续工作 275 天。

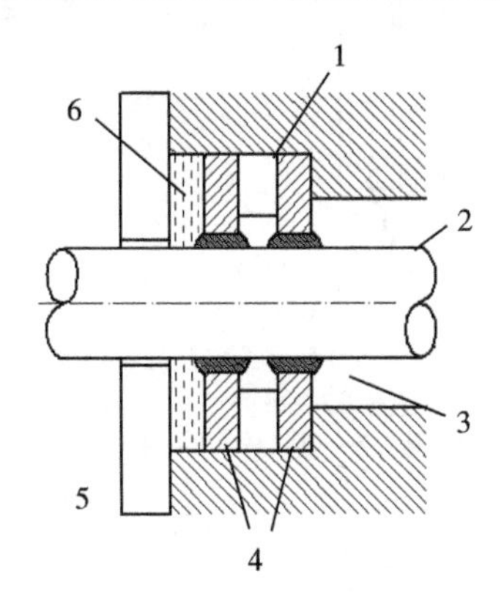


图 1－15 一个改进后的具有挡板的磁流体密封结构
1—永磁体 2—转轴 3—磁流体 4—极靴 5—挡板 6—被密封液体

在海洋技术的研究中，磁流体密封运动阻力小、密封性好等特性对环桨和船舶主螺旋桨轴的密封有很大价值。学者们就不同的海洋技术操作条件下磁流体密封的应用进行了深入研究并设计了多种可供选择的方案。

图 1－16 所示为 Ritter 提出的叶轮泵轴的组合密封。该密封由离心密封和磁流体密封组合而成。第一段密封是安装在轴 1 上的圆盘形离心密封 4。第二段密封是磁流体密封，由永磁体 5、极靴 6、磁流体 7 组成。转轴 1 和极靴 6 由具有良好导磁性的材料制成。在转轴上、极靴下安装两个密封唇 1a。磁流体位于极靴和密封唇之间的细小的环形间隙内，在磁场力的作用下保持位置不变以达到阻止密封介质通过的目的。

图 1－17 所示为 Hoeg 等提出的一个深井泵垂直轴的磁流体组合密封。

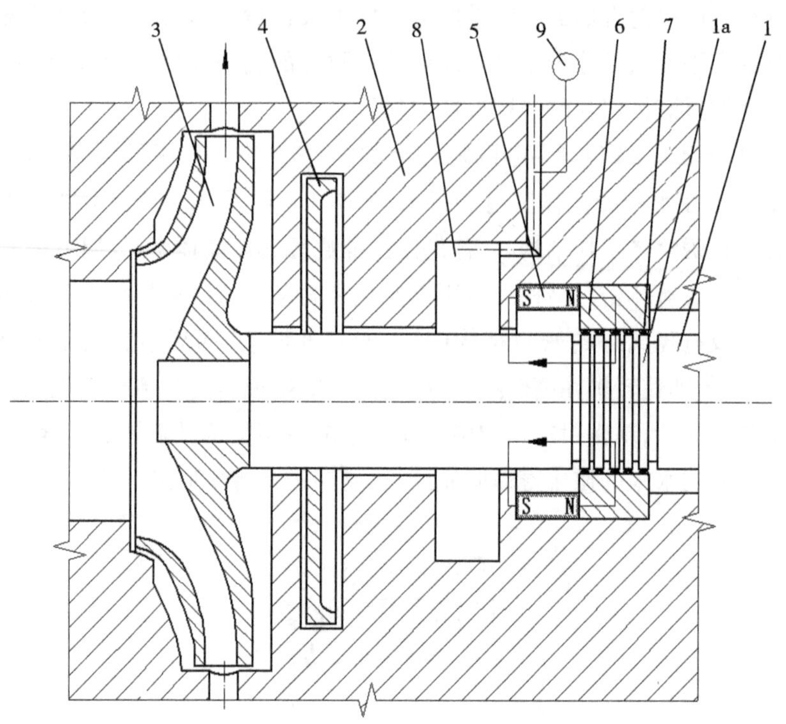


图1-16　叶轮泵轴磁流体组合密封
1—轴　1a—密封唇　2—外壳　3—叶轮　4—离心密封
5—永磁体　6—极靴　7—磁流体　8—中性气体腔　9—压力计

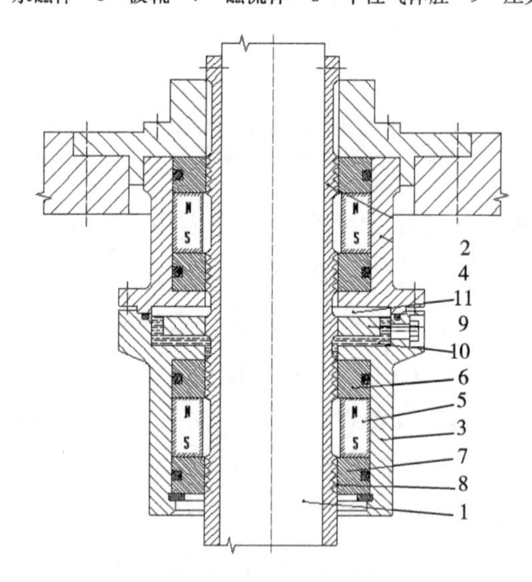


图1-17　深井泵垂直轴磁流体组合密封
1—轴　2—密封唇套　3，4—外壳　5—永磁体　6，7—极靴　8—磁流体
9—法兰　10—被密封液体　11—密封室

图1-17的密封结构由一个离心密封和两个磁流体密封组合而成,其中一个磁流体密封位于离心密封之上,另一个磁流体密封位于离心密封之下。离心密封中的转轴1上装有法兰9,安装在密封室11处阻挡被密封液体10。在转轴旋转时,密封功能由离心密封实现;在静态条件下,两个磁流体密封能阻挡被密封液体泄漏和杂质进入泵内。

图1-18所示为Tietze等提出的双转轴密封,其主要的液体密封形式为螺旋密封或离心密封。磁流体密封位于主密封之后。在动态条件下的基本密封功能是由常规液体密封进行的,而磁流体密封的作用是在静态条件下和转轴转速较低时将工作介质保持在机器内部。

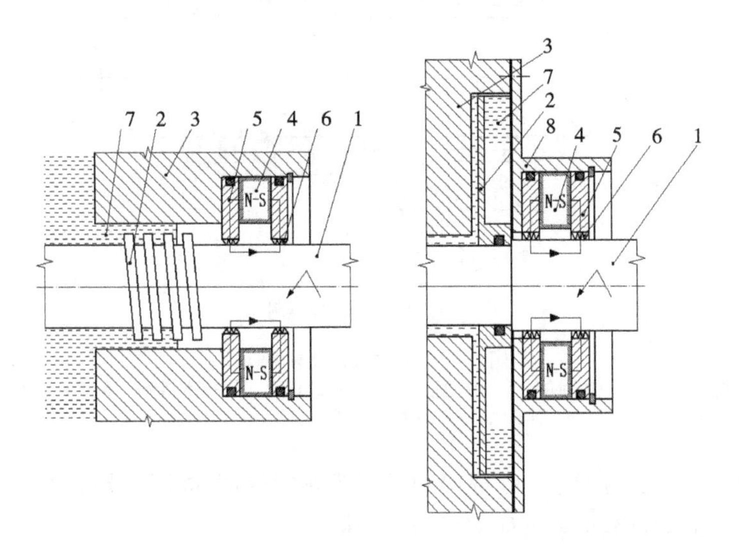


(a)螺旋密封和磁流体组合密封　　(b)离心密封和磁流体组合密封

图1-18　双转轴密封

1—轴　2—螺旋槽或螺旋转子　3—外壳　4—永磁体　5—极靴　6—磁流体　7—被密封液体　8—盖

图1-19为Tamama等提出的船舶螺旋桨轴的磁流体密封。其中,图1-19(a)为一标志有螺旋桨驱动系统位置的海船外观图,图1-19(b)示意了驱动系统的通道,并显示了螺旋桨轴的密封位置。图1-19(c)所示为用于螺旋桨轴密封的磁流体密封结构,防止海水渗透到船体内部。该密封结构包括两个轴向极化的永久磁铁6、7,多个极靴8、9,磁流体10。永久磁铁6、7和极靴安装在固定于密封外壳4内的非磁性套筒上。两条磁回路是由永磁体、极靴、磁流体和由良好导磁性材料制成的轴1闭合而成。磁流体被磁场力束缚在极靴上的密封唇和轴之间的狭小的环形间隙内,从而达到密封工作介质的目的。

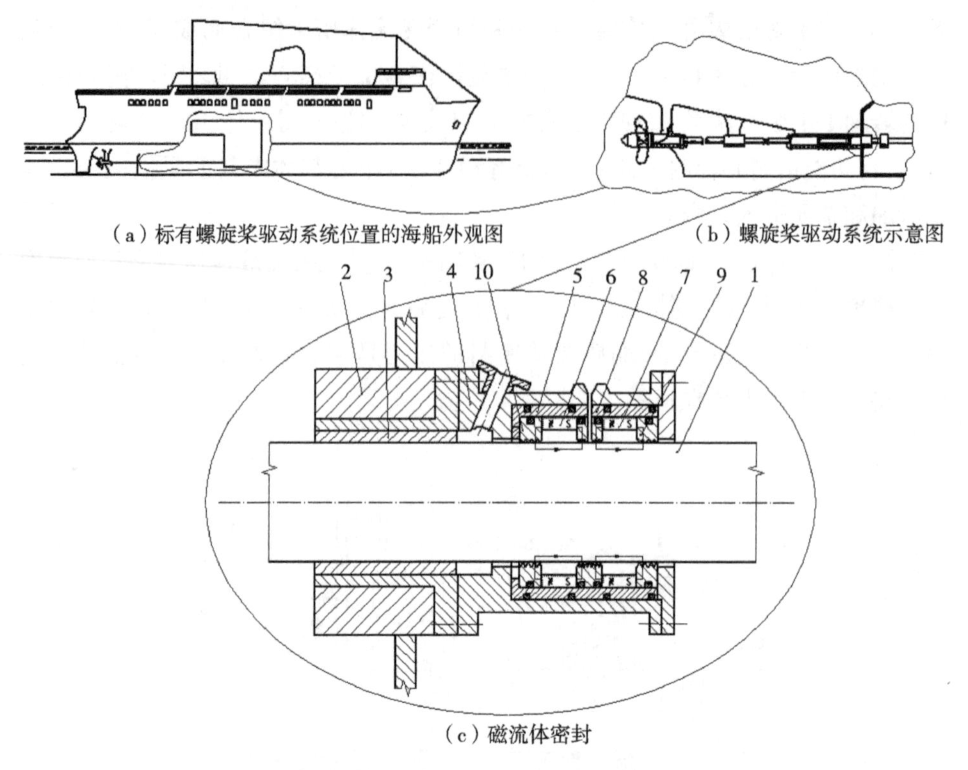


（a）标有螺旋桨驱动系统位置的海船外观图　（b）螺旋桨驱动系统示意图

（c）磁流体密封

图 1 - 19　船舶螺旋桨轴密封

1—螺旋桨轴　2—密封体　3—滑动轴承　4—密封套管　5—磁性套管　6，7—永磁体　8,9—多级极靴　10—磁流体

图 1 - 20 所示为 Miyazaki 提出的另一船舶螺旋桨轴的两级密封结构。该密封由许多唇形密封圈和磁流体密封组合而成。

图 1 - 20 的密封结构中，第一级密封包括数个安装在外壳 2 上的密封唇环 4。第二级密封是磁流体密封，包括轴向极化的永久磁铁 5，两个极靴 6、磁流体 7。闭合磁路由永磁体 4、极靴 6、磁流体 7 和安装在轴 1 上的具有良好导磁性能的套筒 3 构成。磁流体受磁场力作用保持在小的环形间隙 8 内，阻止被密封介质进入。

由于国内学者对磁流体的研究起步较晚，故其对磁流体密封液体的研究也相对较少。

图 1 - 21 所示为李德才等提出的上游添加泵送装置的磁流体密封，由磁流体密封、泵及降压密封组件等组成。该装置中通过泵送被密封液体来减少其与磁流体的接触，进而实现其零泄漏的目的。

1992 年，北京理工大学王建华等人将磁流体轴密封用于水泵保持 700 小时

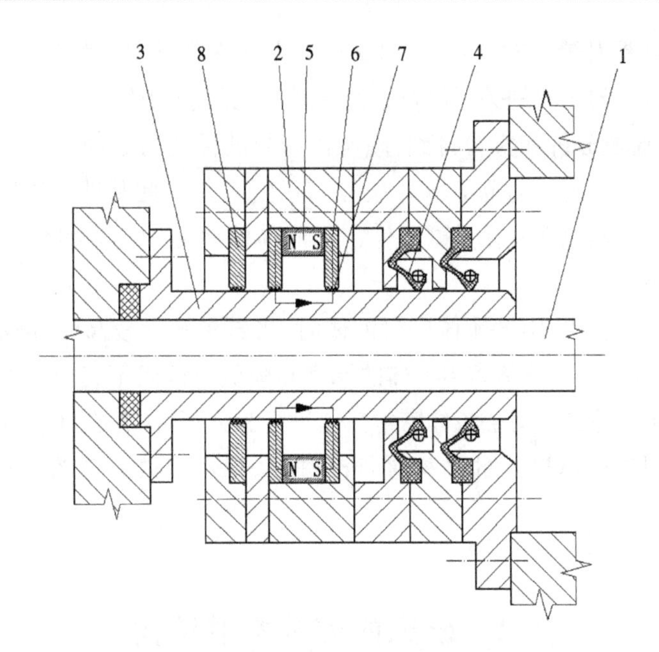


图1-20　船舶螺旋桨轴唇形密封圈和磁流体两级密封
1—船舶螺旋桨轴　2—套管　3—保护套　4—密封唇环　5—永磁体　6—极靴
7—磁流体　8—密封槽/间隙环

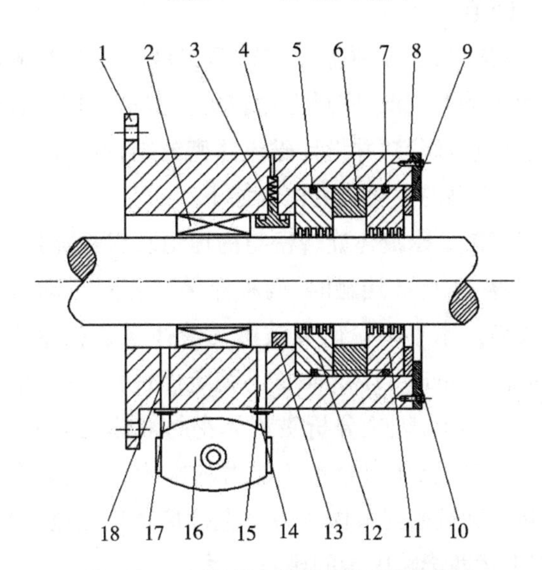


图1-21　上游添加泵送装置的磁流体密封
1—外壳　2—降压密封组件　3—单向阀门　4—进气口　5，7—密封圈　6—磁铁　8—螺栓
9—隔磁环　10—挡圈　11，12—极靴　13—传感器　14，15，17，18—液体通道　16—泵

不泄漏，但其转速不高且密封工况为非连续运转。1993年，北京化工大学李文昌将磁流体密封技术用于密封润滑油的研究，重点阐述了转轴转速是影响磁流体

密封寿命的重要因素。2000年,上海交通大学制冷及低温工程研究所顾建明等从液体与固体界面之间的关系以及它们之间存在的表面张力入手探讨了磁流体密封的机理,通过分析和实验得到,磁流体密封的性能与表面张力之间的关系,提出把磁性力作为附加的范德华引力这一新想法,并在此基础上,提出磁表面张力新概念。国内其他学者在对磁流体密封液体的研究中均未得到理想的结果,密封性能较差。

以上研究均表明,用磁流体密封液体时,当转轴转速较高时,磁流体密封性能较差,且迄今为止磁流体密封液体的原理和失效机理尚不完全明确,故本书从理论、仿真、实验等方面对磁流体密封液体进行深入研究,并在此基础上,对传统的直接接触型磁流体密封的结构进行改进,从根本上改善磁流体密封液体的性能。

## 1.4 研究内容及本书结构

### 1.4.1 研究内容

用磁流体密封液体时,由于磁流体与被密封液体直接接触且相互作用导致其密封性能较差,耐压能力较低,密封寿命较短。本书从理论、仿真、实验等多方面对磁流体密封液体进行研究,并设计磁流体密封结构的改进方案,以提高磁流体密封液体的性能。本书的主要研究内容如下:

#### 1.4.1.1 直接接触型磁流体旋转密封的理论及实验研究

磁流体与被密封液体直接接触时,两种流体的相对运动易引起界面的不稳定,从而造成密封失效。本书理论研究被密封液体与磁流体两种流体的速度分布;研究液-液界面的Kelvin-Helmholtz不稳定性;研究一般情况下的磁流体密封耐压能力,并在此基础上,理论分析磁流体密封液体性能的影响因素,考虑了转轴转速对直接接触型磁流体密封耐压能力的影响,对磁流体耐压公式进行了修正;考虑了转轴转速和被密封液体压力对直接接触型磁流体密封寿命的影响,研究了密封寿命与上述两影响因素的函数关系。

设计两种用于密封液体的直接接触型磁流体密封结构方案,对密封间隙内的磁场及磁流体与被密封液体两相流进行了仿真分析并实验研究该结构的密封性能。合理选择磁流体密封的结构参数和材料,设计永磁体、极靴、转轴、外壳、密封腔、挡板等主要密封部件;运用有限元软件Ansys对该磁流体密封结构的密封间隙内的磁场进行仿真分析，得到密封间隙内的磁场分布，应用磁场仿真结果计算该结构静密封液体的最大理论耐压能力；为了进一步考察磁流体与被密封液体界面的破坏过程，运用 Fluent 软件对上述两种流体的两相流进行了计算流体动力学研究，得到了两种流体界面破坏过程中的相分布和速度分布。进行磁流体与水界面稳定性实验，分析磁流体与水的界面上存在的速度差对界面稳定性的影响；搭建用于密封液体的直接接触型磁流体密封实验台，在该实验台上进行两种结构方案下的磁流体对液体介质的密封实验，并对实验结果进行分析。

1.4.1.2 **气体隔离型磁流体旋转密封的理论及实验研究**

由于磁流体与被密封液体直接接触所引发的界面不稳定性致使磁流体密封性能很差，故本书为了解决这一问题，在原有磁流体密封结构的基础上，设计气体隔离型磁流体密封结构；理论研究气体隔离型磁流体密封结构密封液体介质的耐压能力；对该结构中压缩气体与被密封液体进行计算流体动力学研究；对已有的磁流体密封实验台进行改进，搭建用于密封液体的气体隔离型磁流体密封实验台，在该实验台上进行耐压能力实验和密封寿命实验，得到气体隔离型磁流体密封结构密封液体时的性能较直接接触型磁流体密封结构的改善情况。

### 1.4.2 本书结构

本书共分 6 章对上述研究内容进行阐述，各章主要内容如下：

第 1 章分别对本书的研究背景及意义、研究现状、本书主要内容及结构进行阐述。

第 2 章阐述直接接触型磁流体旋转密封的理论研究及结构设计。研究被密封液体与磁流体两种流体的速度分布；研究液—液界面的 Kelvin – Helmholtz 不稳定性；研究密封液体时磁流体密封耐压能力和密封寿命的影响因素；设计两种用于密封液体的直接接触型磁流体密封结构方案。对上述结构的密封间隙内的磁场进行数值模拟，得到了上述结构静密封液体的最大理论耐压能力。对直接接触型磁流体密封结构内的磁流体与被密封液体的两相流进行计算流体动力学研究，得到磁流体与被密封液体界面破坏过程中的相分布和速度分布。

第 3 章进行磁流体与水的界面稳定性实验；搭建用于密封液体的直接接触型磁流体旋转密封实验台，在该实验台上进行上述两种直接接触型磁流体密封结构对液体介质的密封实验，并对实验结果进行对比分析。

第 4 章设计气体隔离型磁流体旋转密封结构；理论研究气体隔离型磁流体

密封结构密封液体介质时的耐压能力；对该结构中压缩气体与被密封液体部分进行计算流体动力学研究。

第 5 章搭建用于密封液体的气体隔离型磁流体旋转密封实验台，在该实验台上进行耐压能力实验和密封寿命实验，并对实验结果进行分析。

第 6 章对研究工作进行总结。

# 第2章　直接接触型磁流体旋转密封的理论研究及结构设计

## 2.1　直接接触型磁流体旋转密封的理论基础

### 2.1.1　被密封液体的速度分布

图2－1为用于密封液体的磁流体密封结构示意图。图中转轴半径为$R_1$，极靴内径和密封腔内径分别为$R_2$和$R_3$。

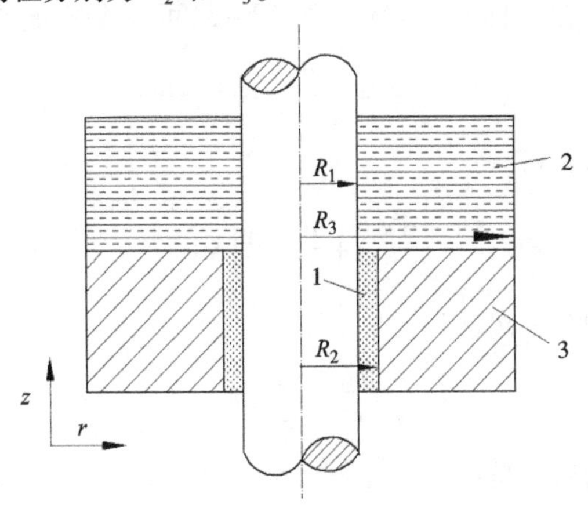


图2－1　用于密封液体的磁流体密封结构示意图
1—磁流体　2—被密封液体　3—极靴

本书中的被密封液体是普通流体，普通流体的运动方程为：

$$\rho \frac{\partial V}{\partial t} + \rho V \cdot \nabla V = \rho g - \nabla p + \eta \nabla^2 V \tag{2－1}$$

式中　$\rho$——普通流体的密度；

$V$——普通流体的运动速度；

g——重力常数；

$\eta$——普通流体的动力黏性系数。

由于被密封液体在半径方向宽度较小,故被密封液体流动可被视为沿切向的一维层流流动,且忽略重力,不可压缩。其流场具有轴对称性,在转轴高速旋转条件下被密封液体速度的轴向和径向分量可忽略不计,且同一圆周上各点速率相等。根据以上特点有:

$$v_z = v_r = 0\ ,\frac{\partial \boldsymbol{v}_r}{\partial t} = 0\ ,\frac{\partial \boldsymbol{v}_z}{\partial z} = 0 \tag{2-2}$$

式中 $\boldsymbol{v}_r$——被密封液体运动速度的径向分量;

$\boldsymbol{v}_z$——被密封液体运动速度的轴向分量;

$r$——转轴中心到被密封液体某点处的半径。

由以上假设可知,被密封液体仅在圆周方向有速度分量,用 $v_{\theta 1}$ 表示。根据普通流体的运动方程(2-1),可得到被密封液体的速度 $v_{\theta 1}$ 满足如下关系式:

$$\frac{\partial^2 v_{\theta 1}}{\partial r^2} + \frac{1}{r}\frac{\partial v_{\theta 1}}{\partial r} - \frac{v_{\theta 1}}{r^2} = 0 \tag{2-3}$$

由于速度 $v_{\theta 1}$ 仅是坐标 $r$ 的函数,故式(2-3)可写成微分方程形式,即有:

$$\frac{\mathrm{d}^2 v_{\theta 1}}{\mathrm{d}r^2} + \frac{1}{r}\frac{\mathrm{d}v_{\theta 1}}{\mathrm{d}r} - \frac{v_{\theta 1}}{r^2} = 0 \tag{2-4}$$

将式(2-4)改写成:

$$\frac{\mathrm{d}^2 v_{\theta 1}}{\mathrm{d}r^2} + \frac{\mathrm{d}}{\mathrm{d}r}\left(\frac{v_{\theta 1}}{r}\right) = 0 \tag{2-5}$$

将式(2-5)积分一次,得:

$$\frac{\mathrm{d}v_{\theta 1}}{\mathrm{d}r} + \frac{v_{\theta 1}}{r} = c_1 \tag{2-6}$$

方程(2-6)的通解是:

$$v_{\theta 1} = \frac{c_1}{2}r + \frac{c_2}{r} \tag{2-7}$$

被密封液体运动速度的边界条件为:

$$v_{\theta 1}(R_1) = \omega R_1 \tag{2-8}$$

$$v_{\theta 1}(R_3) = 0 \tag{2-9}$$

式中 $\omega$——转轴角速度。利用上述边界条件后,被密封液体的速度分布为:

$$v_{\theta 1} = \frac{\omega R_1^2}{R_1^2 - R_3^2}\left(r - \frac{R_3^2}{r}\right) \tag{2-10}$$

本书选择的结构参数为:$R_1 = 6$ mm,$R_3 = 11$ mm,将此结构参数代入上式(2-10)可得到不同转轴转速下被密封液体的速度分布函数，如表 2-1 所示。

表 2-1　被密封液体的速度分布函数

| 角速度 $\omega$(r/min) | 被密封液体速度函数 $v_{\theta 1}$ |
|---|---|
| 500 | $v_{\theta 1}=0.00272328/r-22.176r$ |
| 1000 | $v_{\theta 1}=0.00536658/r-44.3518r$ |
| 1500 | $v_{\theta 1}=0.00804986/r-66.5278r$ |
| 2000 | $v_{\theta 1}=0.01073316/r-88.7038r$ |
| 2500 | $v_{\theta 1}=0.01341644/r-110.8798r$ |
| 3000 | $v_{\theta 1}=0.01609974/r-133.0556r$ |
| 3500 | $v_{\theta 1}=0.01878302/r-155.2316r$ |
| 4000 | $v_{\theta 1}=0.0214664/r-177.4076r$ |

以角速度 $\omega$ 等于 1000 r/min 为例，被密封液体的速度随 $r$ 变化的曲线如图 2-2中 $r\in[0.006, 0.011]$部分所示。从图中可以看出，被密封液体运动速度随坐标 $r$ 的增大非线性减小。

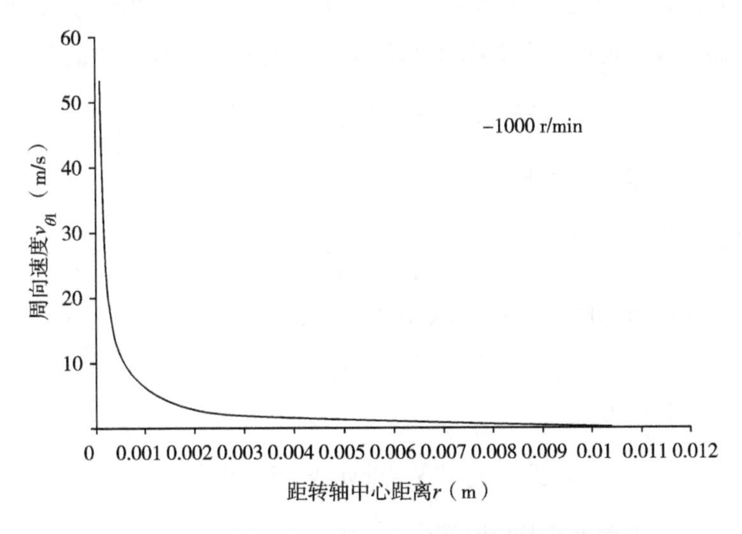


图 2-2　转轴转速为 1000 r/min 时被密封液体的速度分布

$r$ 在$[R_1, R_3]$区间内时不同转轴转速下被密封液体的速度分布如图 2-3 所示。由于区间$[R_1, R_3]$较小，各转轴转速下被密封液体的速度曲线近似直线。

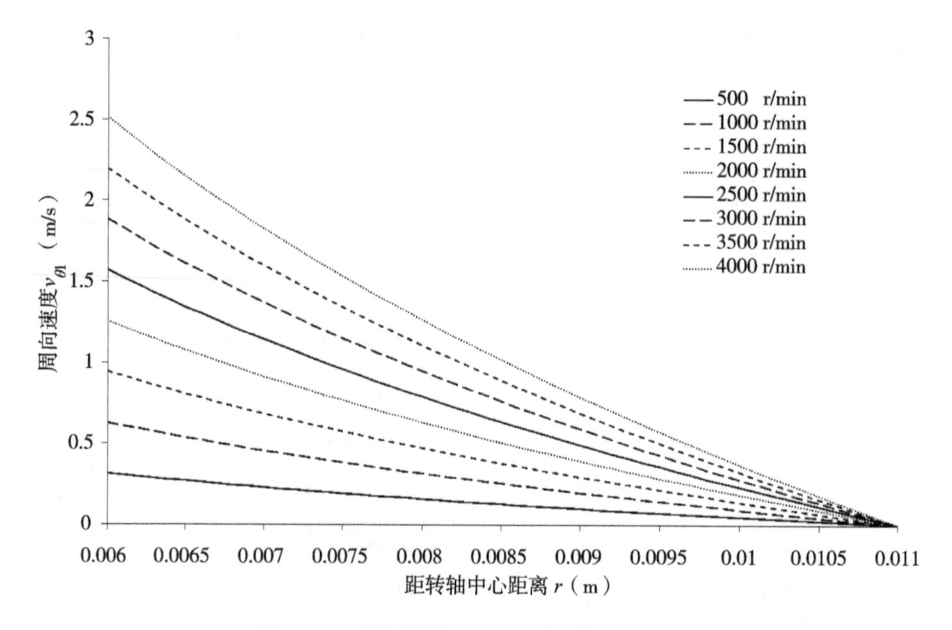


图 2－3　不同转轴转速下被密封液体的速度分布

### 2.1.2　磁流体的速度分布

假定在磁流体中，磁性固体微粒是稳定且分布均匀的，同时，其尺寸足够小，且极齿对磁流体的速度分布影响被忽略，则单位体积磁流体的动量方程为：

$$\rho_m \frac{\partial \boldsymbol{V}}{\partial t} + \rho_m \boldsymbol{V} \cdot \nabla \boldsymbol{V} = \boldsymbol{f}_g + \boldsymbol{f}_m + \boldsymbol{f}_p + \boldsymbol{f}_\eta \tag{2-11}$$

式中　$\rho_m$——磁流体的密度；

$\boldsymbol{f}_g$——重力，其表达式为：

$$\boldsymbol{f}_g = \rho_m \boldsymbol{g} \tag{2-12}$$

$\boldsymbol{f}_p$——压力梯度，其为一种表面力，

$$\boldsymbol{f}_p = -\nabla p \tag{2-13}$$

$\boldsymbol{f}_\eta$——黏性力，

$$\boldsymbol{f}_\eta = \eta_H \nabla^2 \boldsymbol{V} + \frac{1}{3} \eta_H \nabla (\nabla \cdot \boldsymbol{V}) \tag{2-14}$$

式中　$\eta_H$——动力黏性系数（磁流体处于外磁场中）。

无外磁场存在时，即 $H = 0$ 时，$\eta_H = \eta_0$。

现假定磁流体为定常流体且不可压缩，其密度 $\rho_m = \text{const}$，所以，

$$\nabla \cdot \boldsymbol{V} = 0 \tag{2-15}$$

将上式代入式(2-15)可得：

$$\boldsymbol{f}_\eta = \eta_H \nabla^2 \boldsymbol{V} \tag{2-16}$$

在磁流体中，$\boldsymbol{M}$ 和 $\boldsymbol{H}$ 通常是平行的，磁场力 $\boldsymbol{f}_m$ 为：

$$\boldsymbol{f}_m = -\nabla\left(\mu_0 \int_0^H M\mathrm{d}H - \mu_0 \int_0^H \rho_m \frac{\partial M}{\partial \rho_m}\mathrm{d}H\right) + \mu_0 \boldsymbol{M} \cdot \nabla \boldsymbol{H} \tag{2-17}$$

磁流体的运动方程为：

$$\rho_m \frac{\mathrm{d}\boldsymbol{V}}{\mathrm{d}t} = \rho_m \boldsymbol{g} - \nabla p + \mu_0 \boldsymbol{M} \nabla \boldsymbol{H} + \eta_H \nabla^2 \boldsymbol{V} \tag{2-18}$$

磁流体动密封液体时，转轴以一定的角速度旋转，使密封处的磁流体及被密封液体均作剪切运动。假定磁流体的黏度为常数，作层流流动，且不可压缩，温度均匀，忽略重力影响。取圆柱坐标系，假定极靴与转轴同心，磁流体的流动具有轴对称性。在转轴高速旋转条件下磁流体运动速度的轴向和径向分量均可忽略不计。忽略极齿齿槽对磁流体速度分布的影响，由式(2-18)可得圆柱坐标系下的磁流体动力学方程为：

$$\frac{\partial p}{\partial r} \Leftarrow \rho_m \frac{v_{\theta 2}^2}{r} + \mu_0 M \frac{\partial H}{\partial r} \tag{2-19}$$

$$\frac{\partial^2 v_{\theta 2}}{\partial r^2} + \frac{1}{r}\frac{\partial v_{\theta 2}}{\partial r} - \frac{v_{\theta 2}}{r^2} = 0 \tag{2-20}$$

$$\frac{\partial p}{\partial z} \Leftarrow \mu_0 M \frac{\partial H}{\partial z} \tag{2-21}$$

式中　$v_{\theta 2}$——磁流体运动速度的周向分量。

磁流体运动速度的边界条件为：

$$v_{\theta 2}(R_1) = \omega R_1 \tag{2-22}$$

$$v_{\theta 2}(R_2) = 0 \tag{2-23}$$

求解方程式(2-20)，并利用边界条件，可得到磁流体的速度分布为：

$$v_{\theta 2} = \frac{\omega R_1^2}{R_1^2 - R_2^2}\left(r - \frac{R_2^2}{r}\right) \tag{2-24}$$

以密封间隙等于 0.1 mm 为例，即 $R_2 = 6.1$ mm，将此结构参数代入式(2-24)可得到不同转轴转速下磁流体的速度分布函数，如表 2-2 所示。

**表 2-2　磁流体的速度分布函数**

| 角速度 $\omega$(r/min) | 磁流体速度函数 $v_{\theta 2}$ |
|---|---|
| 500 | $v_{\theta 2} = 0.0579662/r - 1557.814r$ |

续表

| 角速度 $\omega$(r/min) | 磁流体速度函数 $v_{\theta2}$ |
|---|---|
| 1000 | $v_{\theta2}=0.1159326/r-3115.62r$ |
| 1500 | $v_{\theta2}=0.1738988/r-5473.44r$ |
| 2000 | $v_{\theta2}=0.231866/r-6231.26r$ |
| 2500 | $v_{\theta2}=0.289832/r-7789.08r$ |
| 3000 | $v_{\theta2}=0.347798/r-9346.88r$ |
| 3500 | $v_{\theta2}=0.41764/r-10904.7r$ |
| 4000 | $v_{\theta2}=0.46373/r-12462.52r$ |

以角速度 $\rho_2$ 等于 1000 r/min 为例,磁流体的速度随 $r$ 变化的曲线如图 2-4 中 $r\in[0.006,0.0061]$部分所示。虽然图像中靠近纵轴部分的线速度很高,与实际相差太大,但是为了说明磁流体速度分布的走势,图 2-4 绘制了式(2-24)中的 $r\geqslant0$ 范围内的所有图像。从图中可以看出,磁流体运动速度随坐标 $r$ 的增大非线性减小。

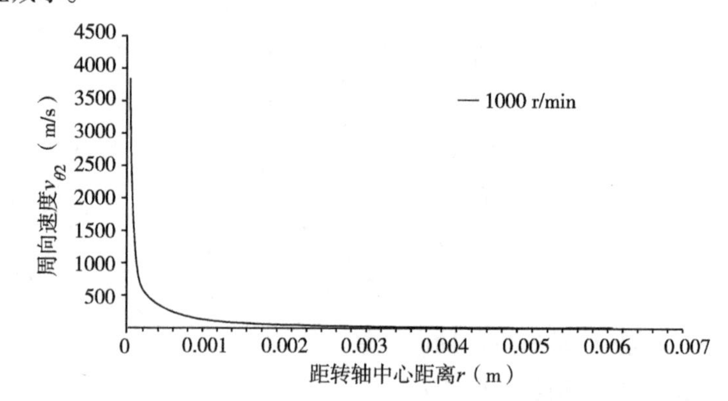


图 2-4　转轴转速为 1000 r/min 时磁流体的速度分布

图 2-5 所示为不同转轴转速下磁流体的速度随 $r$ 变化的曲线。由于区间 $[R_1,R_2]$较小,故各转轴转速下磁流体的速度曲线近似直线。

### 2.1.3　液—液界面的稳定性

由上文中研究得到的被密封液体的速度分布式(2-10)以及磁流体的速度分布式(2-24)相减可以得到,在磁流体密封区域内,磁流体与被密封液体之间的速度差为:

$$\Delta v=v_{\theta1}-v_{\theta2}=\frac{\omega R_1^2}{R_1^2-R_3^2}\left(r-\frac{R_3^2}{r}\right)-\frac{\omega R_1^2}{R_1^2-R_2^2}\left(r-\frac{R_2^2}{r}\right)$$

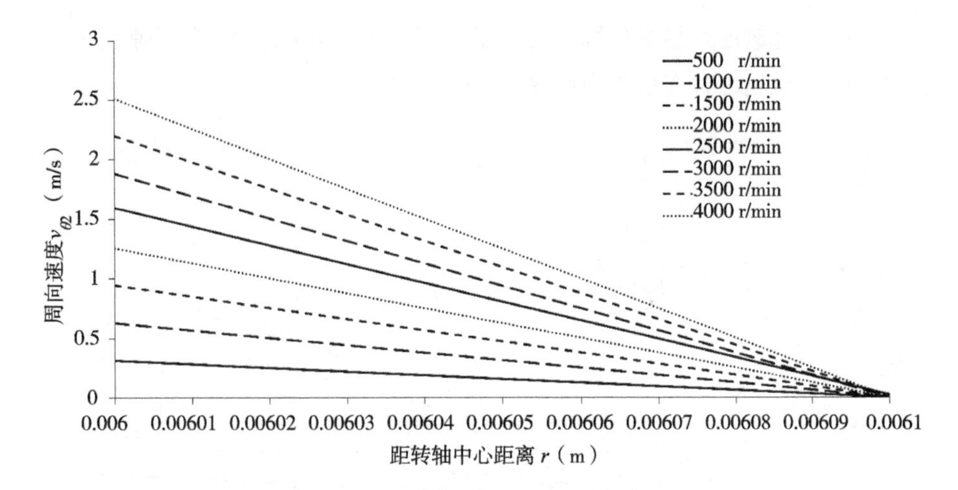


图 2－5　不同转轴转速下磁流体的速度分布

$$=\omega R_1^2\left[\left(\frac{1}{R_1^2-R_3^2}-\frac{1}{R_1^2-R_2^2}\right)r+\left(\frac{R_2^2}{R_1^2-R_2^2}-\frac{R_3^2}{R_1^2-R_3^2}\right)\frac{1}{r}\right] \quad (2-25)$$

由式(2－25)可以看出磁流体与被密封液体之间的速度差 $\Delta v$ 与转轴转速 $\omega$ 成正比。转轴转速越大，相对流动速度越大，接触面越容易被破坏。将 $\Delta v$ 对 $r$ 求偏导，得到：

$$\frac{\partial \Delta v}{\partial r}==\omega R_1^2\left[\left(\frac{1}{R_1^2-R_3^2}-\frac{1}{R_1^2-R_2^2}\right)-\left(\frac{R_2^2}{R_1^2-R_2^2}-\frac{R_3^2}{R_1^2-R_3^2}\right)\frac{1}{r^2}\right]>0 \quad (2-26)$$

由式(2－26)可得，$\Delta v$ 与 $r$ 正相关，即在区间 $[R_1,R_2]$ 内，当 $r=R_2$ 时速度差 $\Delta v$ 最大，

$$\Delta v\ (r)_{\max}=\frac{\omega R_1^2(R_2^2-R_3^2)}{R_2(R_1^2-R_3^2)} \quad (2-27)$$

将结构参数 $R_1=6$ mm，$R_2=6.1$ mm，$R_3=11$ mm 代入速度差公式(2－27)可得到不同转轴转速下的速度差函数，如表 2－3 所示。

**表 2－3　磁流体与被密封液体速度差的分布函数**

| 角速度 $\omega$(r/min) | 速度差函数 $\Delta v=v_{\theta 1}-v_{\theta 2}$ |
|---|---|
| 500 | $\Delta v=-0.05528292/r+1535.638r$ |
| 1000 | $\Delta v=-0.11056602/r+3071.2682r$ |
| 1500 | $\Delta v=-0.16584894/r+4606.9122r$ |
| 2000 | $\Delta v=-0.22113284/r+6142.5562r$ |
| 2500 | $\Delta v=-0.27641556/r+7678.2002r$ |
| 3000 | $\Delta v=-0.33169826/r+9213.8244r$ |
| 3500 | $\Delta v=-0.38698098/r+10749.4684r$ |
| 4000 | $\Delta v=-0.4422636/r+12285.1124r$ |

图 2 -6 为速度差绝对值随 $r$ 变化的曲线，图中纵坐标 $\Delta v$ 表示速度差绝对值。从图中可以看出，在极靴内侧 $R_2$处速度差最大。

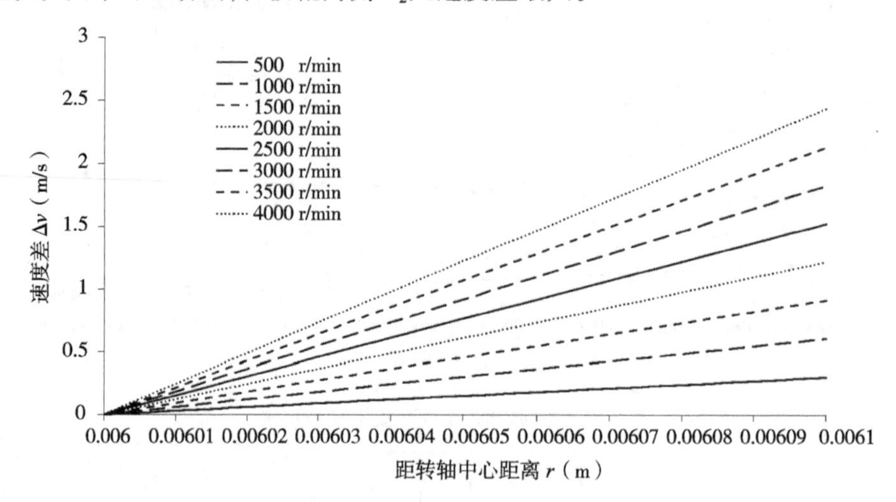


图 2 -6　磁流体与被密封液体的速度差

磁流体与被密封液体界面上的最大速度差随转轴转速的提高线性增大，如图 2 -7 所示。

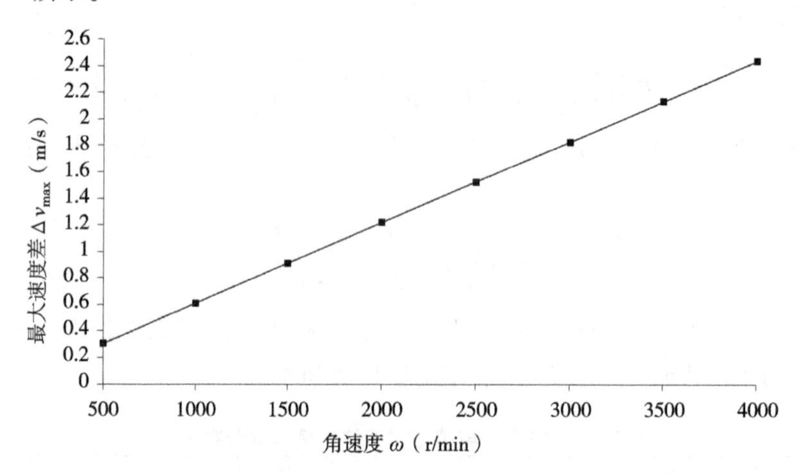


图 2 -7　最大速度差随转轴转速的变化

由以上理论分析可知，磁流体与被密封液体在界面处存在速度差，如图 2 -8 所示。

当转轴转速较高时，磁流体与被密封液体在其分界面处的速度差较大，会导致该界面上的 Kelvin - Helmholtz 不稳定性发生和增长，其对磁流体密封性能有

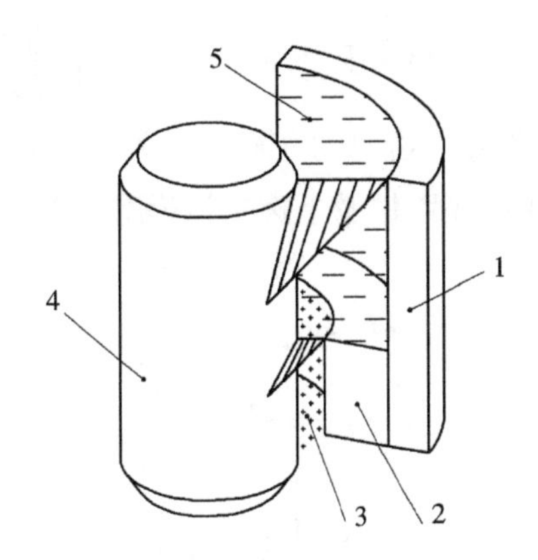


图 2－8　密封结构内两种流体的速度分布
1—外壳　2—极靴　3—磁流体　4—转轴　5—被密封液体

很大影响。

较高的转轴转速可能会改变被密封液体的运动状态，使其从层流变化为紊流，在与磁流体的界面处对磁流体有冲刷作用，如果该冲击力克服了磁场对磁流体的吸引，磁流体密封就会失效；转轴转速较高时两种流体界面的不连续性效应也会增强，可能会引起界面失稳致使磁流体流失。另外，界面不稳定性会使两液体之间的渗透加快，使磁流体密封寿命降低。

### 2.1.4　耐压能力的影响因素研究

#### 2.1.4.1　密封气体时的耐压能力

耐压能力是磁流体密封的最重要的指标之一，耐压能力越大磁流体密封的可靠性越高。当磁流体密封气体时，磁流体密封在最大耐压限度内都可以达到零泄漏。

当流动是等温的，即$\nabla T=0$，或流场中的温度远低于居里温度，即$\frac{\partial M}{\partial T}\approx 0$；流动是定常的，由文献可知简化后的磁流体的 Bernoulli 方程为：

$$p^{*}+\frac{1}{2}\rho_m V^2+\rho_m gh-\mu_0\int_0^H M\mathrm{d}H=C \qquad (2-28)$$

式中　$C$——常数。

$$p^{*}=p+p_m+p_s \qquad (2-29)$$

式中　$p_m$——磁流体的磁化压力，$p_m=\mu_0\int_0^H M\mathrm{d}H$；

$p_s$—— 磁流体的磁致伸缩压力，$p_s = -\mu_0 \int_0^H \rho_m \frac{\partial M}{\partial \rho_m} \mathrm{d}H$。

本书研究的磁流体密封中密封的介质为一种非磁性的普通流体，磁流体的分界面两侧的参数分别用下标“1”及下标“2”表示。“1”表示磁流体；“2”表示被密封流体。故边界条件为：

$$p_1^* + p_{1n} = p_2 + p_c \tag{2-30}$$

$$p_{1n} = \frac{\mu_0}{2} M_n^2 \tag{2-31}$$

$$P_c = \sigma\left(\frac{1}{R_1} + \frac{1}{R_2}\right) \tag{2-32}$$

式中 $R_1$、$R_2$——界面曲面的两个主曲率半径；

$\sigma$——表面张力常数。

假设：

(1)磁流体自身重力和磁场力相比较，可以忽略；

(2)磁力线可近似用圆弧代替，并且认为等磁场线和磁力线重合；

(3)忽略磁流体的表面张力。

将三个假设用于 Bernoulli 方程(2-28)并结合以上边界条件，当边界 2 处的磁场与边界 1 处的磁场分别取最大值和最小值时，由文献可知，磁流体密封的耐压能力为：

$$\Delta p = p_2 - p_1 = \mu_0 \int_{H_{\min}}^{H_{\max}} M \mathrm{d}H + \frac{\mu_0}{2}(M_{n2}^2 - M_{n1}^2) \tag{2-33}$$

现近似假设，整个磁流体密封膜均处于饱和磁化状态，且 $N$ 级磁流体密封每级的耐压能力近似相等，于是 $N$ 级磁流体密封的总耐压为：

$$\Delta p_{\max} = N\mu_0 M_s (H_{\max} - H_{\min}) \tag{2-34}$$

在实际数值计算中，由于密封间隙较小，通常把密封间隙中的磁流体当空气处理，式(2-34)可变为：

$$\Delta p_{\max} = N M_s (B_{\max} - B_{\min}) \tag{2-35}$$

从式(2-35)可以看出，磁流体的饱和磁化强度越高、间隙内的磁场强度越大、密封级数越多，磁流体密封的耐压能力越大。实际上，由于磁流体中的磁性颗粒体积一般不超过整个液体的10%，而磁化强度的高低取决于磁性颗粒的浓度，因此目前磁流体的饱和强度一般不超过 500 Gs；密封间隙内的磁场强度也并不能无限大，受到导磁材料饱和极限值的限制，对于小间隙的情况，一般磁感应强度为 1~2 T，因此，通常单级密封的耐压能力大约为 0.02 MPa；而密封级数受到结构尺寸和密封效率方面的限制，一般也不超过20。因此通常磁流体的密封耐压最大为0.4 MPa。考虑到可靠性及其他的不确定因素，磁流体密封的最佳耐压能力要求在0.2 MPa以内，这也被长期的实验所证实。

以上分析是在未考虑转轴转速或转速较低的情况下进行的，由文献可知，当转轴高速旋转时，磁流体密封的耐压公式为：

$$\Delta p = (\Delta p)_{\max} + \rho_{\mathrm{m}} (\omega R_1)^2 G_c(R_1) \tag{2-36}$$

式中 $G_c$——定义的一个离心力的几何因子，其表达式为：

$$G_c(r) = \frac{R_1^2 R_2^2}{(R_2^2 - R_1^2)^2}\left[ -\frac{1}{2}\left(\frac{R_2}{r}\right)^2 + \ln\left(\frac{R_2}{r}\right)^2 + \frac{1}{2}\left(\frac{R_2}{r}\right)^{-2} \right] \tag{2-37}$$

当 $r = R_1$ 时的离心力因子最大。

以上的转轴高速旋转时的磁流体耐压公式中的 $G_c(R_1)$ 为负值，故高速旋转时的密封能力小于静止时的最大密封能力，其差值就是由旋转引起的离心力引起的。将文中的结构参数代入式（2－37），得到 $G_c = -0.04933$。当 $\omega$ = 3000 r/min时，$\rho_m (\omega R_1)^2 G_c(R_1) = -70.03$ Pa，与 $\Delta p_{\max}$ 相比很小，故在此情况下，离心力引起的耐压值下降可忽略不计。文献也指出，只有当线速度超过20 m/s时，离心力对磁流体耐压能力的影响才能显现出来，当磁流体密封在一般转速下运行时，其耐压能力与静密封近似相等。故在中、低速旋转情况下可以不考虑离心力的影响，只有在高速或超高速下，离心力对磁流体密封耐压能力的影响才被重视。因此，一般常用的磁流体耐压公式为：

$$\Delta p = \Delta p_{\max} = N M_s (B_{\max} - B_{\min}) \tag{2-38}$$

#### 2.1.4.2 密封液体时耐压能力的影响因素

（1）转轴转速对耐压能力的影响。

由以上分析可知，用磁流体密封气体时，由转轴旋转引起的离心力所导致的磁流体耐压值下降很小，故这方面转轴转速对磁流体耐压值的影响可忽略不计。然而，用磁流体密封液体时，转轴旋转对磁流体与被密封液体的界面的稳定性影响很大，进而影响了磁流体密封的耐压能力。故本书在磁流体耐压公式中加入另外一项 $f(\omega)$ 来反映转轴转速对磁流体耐压值的影响，用于密封液体时磁流体耐压能力的计算。修正后的用于密封液体的磁流体密封耐压能力公式为：

$$\Delta p = N M_s (B_{\max} - B_{\min}) + f(\omega) \tag{2-39}$$

式中 $f(\omega)$——转轴转速的函数。

该函数值为负数，随转轴转速 $\omega$ 升高 $f(\omega)$ 逐渐减小。$f(\omega)$ 的具体解析式由后续实验数据来标定。

(2)密封间隙对耐压能力的影响。

在磁流体旋转密封液体时,密封间隙主要从两方面影响磁流体密封的耐压能力。一方面,密封间隙的改变会引起间隙内磁场强度的变化,密封间隙越小,间隙内的磁场强度越强,由式(2－38)可知磁流体耐压能力越强。另一方面,由于密封间隙与转轴直径相比很小,故磁流体与被密封液体的接触面积可近似为转轴外圆柱面周长和密封间隙的乘积,减小密封间隙可使磁流体与被密封液体的接触面积变小,使其界面稳定性增强,进而提高磁流体对液体的密封性能。基于以上分析,密封间隙对磁流体密封液体耐压能力影响的机理较复杂,故在本书的磁流体密封液体耐压能力的修正公式中未加入密封间隙参数,而是在实验研究中对其进行探讨。

### 2.1.5 密封寿命的影响因素研究

密封寿命是指密封装置从开始工作到密封失效的时间间隔。由本节的理论研究可知,用磁流体密封液体时,转轴旋转所引起的磁流体与被密封液体的速度差导致磁流体与被密封液体界面的稳定性较差,进而直接影响到磁流体密封液体的密封寿命,故转轴转速是影响磁流体密封液体寿命的重要因素之一。此外,从已有文献可知,被密封液体的压力和密封间隙也是影响磁流体密封液体寿命的重要因素。

以往的研究中未见磁流体密封液体的寿命的理论公式,为了更好地指导磁流体密封液体结构的设计及工程应用,本书尝试得到磁流体密封液体的寿命与其影响因素的函数关系。由 2.1.4 的分析可知,密封间隙对磁流体密封液体的密封寿命影响的机理较复杂,故在本书的磁流体密封液体的寿命的函数关系式中未加入密封间隙参数,而是在实验研究中对其进行分析。基于此,转轴转速和被密封液体压力两个影响因素与磁流体密封液体的寿命的函数关系可由下式表示:

$$T = t(\omega, p) \tag{2-40}$$

式中 $T$——磁流体密封液体的密封寿命;

$p$——被密封液体的压力。

函数关系式(2－40)由本书的实验数据拟合生成,期望对工程应用有一定的指导作用。

# 2.2　直接接触型磁流体旋转密封结构的设计

由上节的理论分析可知，通过减小密封间隙，一方面可使间隙内的磁场强度增强，另一方面可使磁流体与被密封液体的接触面积变小，使其界面稳定性增强。两方面均对磁流体密封液体性能的提高有正面作用。另外，由式(2－27)可知，极靴内径 $R_2$ 和界面处被密封液体所处位置内径 $R_3$ 之差与两种流体的速度差正相关，是影响磁流体密封性能的重要因素。基于以上原因，本节设计了两种用于密封液体的直接接触型磁流体密封方案：方案一为小间隙磁流体密封；方案二在方案一的基础上添加了挡板，以减小磁流体与被密封液体的速度差。

## 2.2.1　结构设计方案一

### 2.2.1.1　总体方案设计

为了提高磁流体与被密封液体直接接触时的密封性能，方案一设计了用于密封液体的小间隙磁流体密封结构，如图 2－9 所示。该结构主要由密封腔、外壳、转轴、极靴、永磁体、隔磁环、轴承等零部件组成。

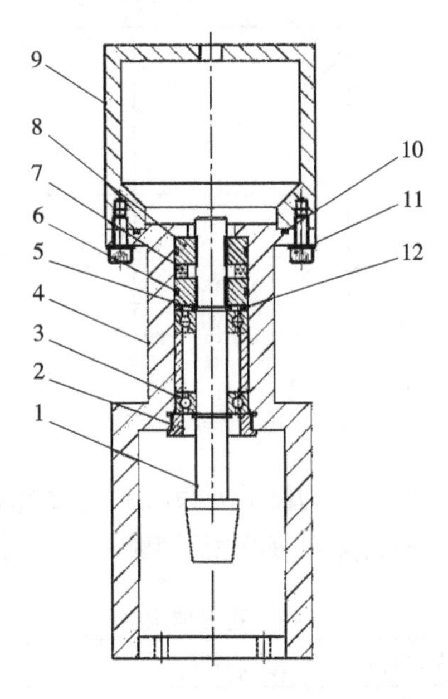


图 2－9　直接接触型磁流体密封结构方案一

1—转轴　2—螺纹压盖—3—轴承　4—外壳　5,8—极靴

6,10—“O”形橡胶密封圈　7—永磁体　9—密封腔　11—螺栓　12—隔磁环

为了使磁流体与被密封液体均匀接触，该磁流体密封结构直立放置。在该结构中，外壳和隔磁环为非导磁材料，转轴和极靴为导磁材料。由于极靴内径较小，为了便于加工，极齿设计在转轴上。永磁体、极靴、磁流体和转轴形成闭合的磁回路。磁流体被吸附在密封间隙中，形成"O"形液体密封圈，达到密封的效果。在该密封结构中，外壳下端套在所选电机输出端上形成刚性连接，转轴与电机输出端也刚性相连，并有双轴承支撑转轴，保证了转轴与极靴的较小间隙。

#### 2.2.1.2　极齿的设计

在极齿的结构设计中，极齿顶端齿型的设计是工作的重点。Walowit J 和 Oscar P 等人通过对各种齿形和齿宽磁场的数值模拟结果的比较，得出了不同的结论。齿形包括矩形、三角形和阶梯形。三角形和阶梯形极齿的聚磁效果好于矩形齿，然而，矩形齿比三角形齿和阶梯形齿更易于加工，性能容易保证，因此本书的齿形设计为矩形齿，具体结构如图 2－10 所示。

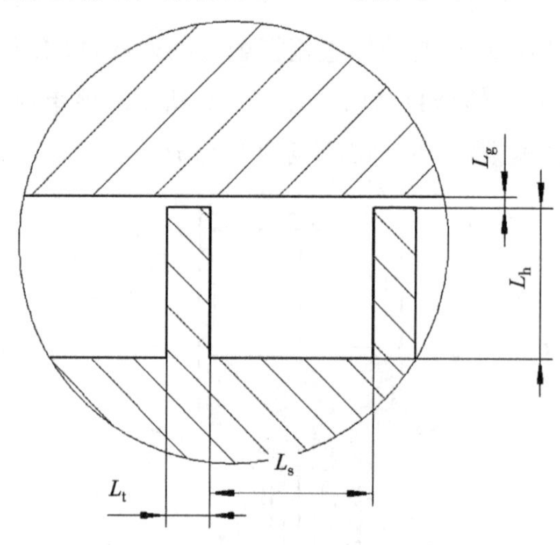


图 2－10　密封齿结构图

图 2－10 中，$L_g$为密封间隙、$L_t$为齿宽、$L_s$为槽宽、$L_h$为槽深。对于矩形齿齿形的参数设计，国内外学者根据各自的实践，都采用了相应的选择范围，如表 2－4 所示。

表 2－4　齿形结构参数

| 单位 | 间隙 $\delta(L_g)$ | 槽宽 $L_s$ | 齿宽 $L_t$ | 齿高 $L_h$ |
|---|---|---|---|---|
| 核工业部 | — | — | 0.7～1.0 | 0.7～1.0 |
| 英国剑桥大学 | $\delta 1:\ L_t:\ L_s = 1:\ t:\ 6$ | | | |

续表

| 单位 | 间隙 $\delta(L_g)$ | 槽宽 $L_s$ | 齿宽 $L_t$ | 齿高 $L_h$ |
|---|---|---|---|---|
| 中科院电工所 | | $\delta: L_t: L_s = 1: 3: 5 \sim 1: 4: 8$ | | |
| 东北大学 | | $L_t/L_g = 3 \sim 5, L_h/L_s = 0.8 \sim 1, L_s/L_g = 20 \sim 30$ | | |

可以看出,磁流体密封的极齿齿形参数的选择主要靠经验来确定。本书设计的齿形也是根据以往的经验,结合磁流体密封的具体要求和密封结构的尺寸要求来最终确定。考虑到所设计的密封件整体尺寸偏小,在查阅文献和参考现有的密封件实物基础上,为了减小磁流体与被密封液体的接触面积,首先确定达到的最小密封间隙 $L_g$ 为 0.05 mm,按照东北大学的经验公式,则齿宽为 0.15 ~ 0.25 mm。本书选取齿宽 $L_t = 0.2$ mm,槽宽 $L_s = 0.8$ mm,齿高 $L_h = 0.7$ mm。本书中齿型参数的确定基本满足东北大学的经验公式。

#### 2.2.1.3　永磁体的选择与设计

(1)永磁材料的选择。

永磁材料被饱和磁化后,能在较长时间内保持稳定的强磁性,通常矫顽力在 8000 A/m 以上。在有永久磁铁的磁路中往往开有气隙用来产生强磁场。以开有气隙的环形永久磁铁为例,气隙内积储的所有静磁能取决于 $B_d H_d$。

永磁材料的性能主要由单位体积内所具有的最大磁能积 $(BH)_{max}$ 的大小来决定。磁能积的增长,实质上是由矫顽力的提高引起的。

为了使永磁材料具有较大的 $(BH)_{max}$,在提高永磁材料的剩磁 $B_r$ 与矫顽力 $H_c$ 的同时,还希望其具有矩形的退磁曲线。回复磁导率 $\mu_{rec}$ 也是永磁材料的一个重要参数。图 2-11 中的 $ObB_r$ 曲线是磁能积 $BH$ 随 $B$ 值变化的曲线。

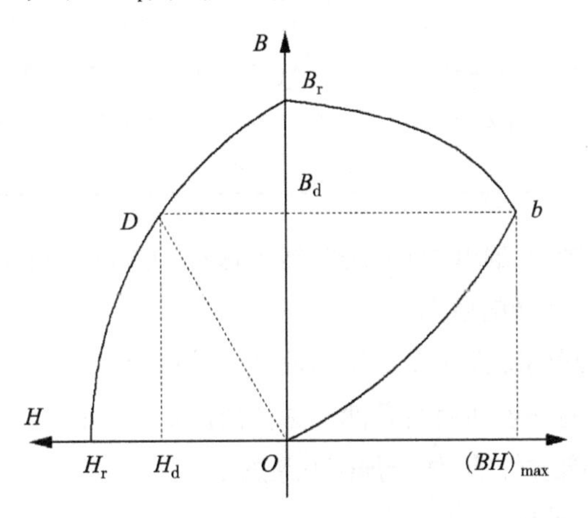


图 2-11　退磁曲线和磁能积曲线

从图2－11中可知，退磁曲线中的$D$点所对应的$B_d$与$H_d$的乘积，就是永磁材料的最大磁能积$(BH)_{max}$，当永磁体在$D$点工作时，它将向体外空间提供最大的磁能积$(BH)_{max}$，故$D$点为最佳工作点。最大磁能积$(BH)_{max}$是用来衡量永磁体性能的重要参数。

此外，$(BH)_{max}$的大小与退磁曲线的形状也有密切的关系。退磁曲线的隆起度$r$越大，形状越接近矩形，最大磁能积$(BH)_{max}$越大。其关系式为：

$$r=\frac{(BH)_{max}}{B_rH_c} \tag{2-41}$$

由式(2－41)可知，最大磁能积$(BH)_{max}$和隆起度$r$正相关。

永磁材料的种类很多，性能相差很大，表2－5比较了典型的永磁材料的性能参数。

**表2－5　永磁材料的材料特性比较**

| | 特性 | Nd－Fe－B | $Sm_2Co_{17}$ | 铁氧体 | AlNiCo |
|---|---|---|---|---|---|
| 磁特性 | 剩磁$B_r$(T)(kGs) | 1.25(12.5) | 1.12(11.2) | 0.44(4.4) | 1.15(11.5) |
| | 磁通密度矫顽力$H_{CB}$(kA/m)(kOe) | 915.4(11.5) | 533.32(6.7) | 222.88(2.8) | 127.36(1.6) |
| | 内禀矫顽力$H_{cj}$(kA/m)(kOe) | 1098.48(13.8) | 543.24(6.9) | 230.84(2.9) | 127.36(1.6) |
| | 最大磁能积$(BH)_{max}$(kJ/m)$^3$(MGOe) | 286.65(36) | 246.76(31) | 36.62(4.6) | 87.65(11) |
| | $B_r$温度系数$\alpha$(%/℃) | －0.126 | －0.03 | －0.18 | －0.02 |
| | 可逆磁导率$\mu_r$ | 1.05 | 1.03 | 1.1 | 1.3 |
| | 居里温度$T_C$(℃) | 312 | 880 | 450 | 890 |
| 物理特性 | 比重$d$(g/cm$^3$) | 7.4 | 8.4 | 5.0 | 7.3 |
| | 电阻率$\rho$($\mu\Omega\cdot$cm) | 144 | 85 | $>10^4$ | 45 |
| | 硬度(HV) | 600 | 550 | 530 | 650 |
| | 抗弯强度(MPa)(kgf/mm$^2$) | 245(25) | 117.6(12) | 127.4(13) | — |
| | 抗压强度(MPa)(kgf/mm$^2$) | 735(75) | 509.6(52) | — | — |
| | 热膨胀系数($10^{-6}$/℃) | 3.4(//)－4.8(⊥) | 13 | 13(//)8(⊥) | 11 |

在设计磁流体密封结构时首先需要确定选择的永磁材料品种及其具体的性能指标。归纳起来，选择的原则为：

①能够保证密封间隙内所需的磁场及规定的性能指标；

②保证在规定的环境和使用条件下磁性能的稳定性；

③具有良好的机械性能，便于加工和装配；

④经济性好，性价比高。

如表 2－5 所示，常用的永磁材料包括铝镍钴(Al－Ni－Co)、永磁铁氧体($BaFe_{12}O_{19}$、$SrFe_{12}O_{19}$)、稀土材料三类，其中稀土材料可分为 $SmCo_5$ 型、$Sm_2Co_{17}$ 型和钕铁硼(Nd－Fe－B)型三代。从表中可以看出，在剩磁 $B_r$、磁通密度矫顽力 $H_{cb}$、内禀矫顽力 $H_{cj}$、最大磁能积$(BH)_{max}$等方面，钕铁硼性能最好。在 $B_r$ 温度系数方面，铝镍钴最好，其值最小，永磁铁氧体最差，稀土永磁居中间状态。在比重方面，永磁铁氧体最小，钕铁硼的比重也不是最大。综合考虑各永磁材料的性能，钕铁硼的性能是较优异的。

本书所选用的永磁材料为钕铁硼(Nd－Fe－B)N38H(京磁公司生产)，其特征曲线如图 2－12 所示。

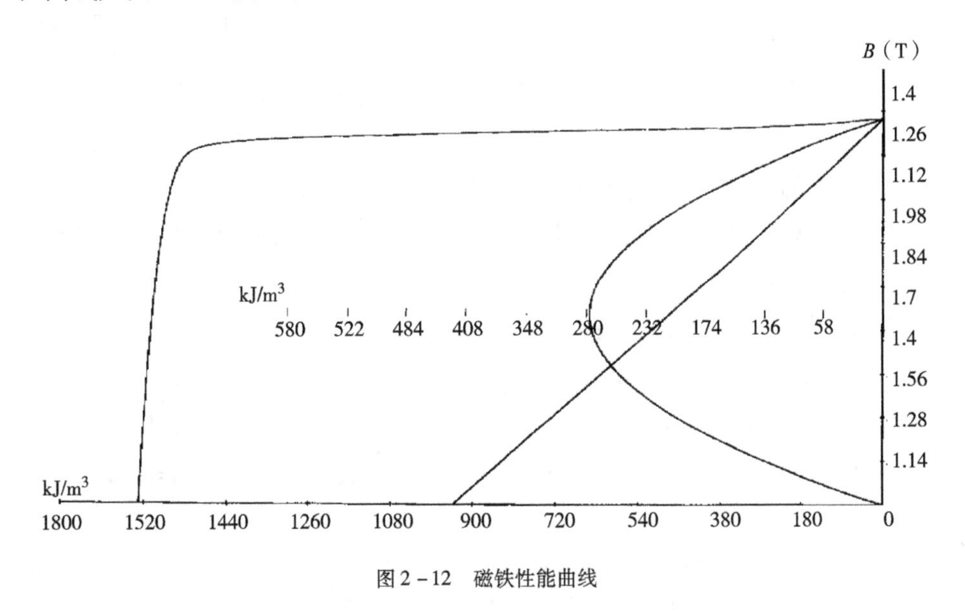


图 2－12　磁铁性能曲线

表 2－6 为其特征参数。

表 2－6　磁铁的特征参数

| 剩磁 $B_r$(T) | 1.364 |
|---|---|
| 磁通密度矫顽力 $H_{CB}$(kA/m)(kOe) | 943(11.85) |
| 内禀矫顽力 $H_{cj}$(kA/m)(kOe) | 1632(20.49) |
| 最大磁能积$(BH)_{max}$($kJ/m^3$)(MGOe) | 287(26.06) |
| 最高耐温(℃) | 120 |

(2)永磁体形状的确定。

除保证大的磁能积外，还需根据实际密封结构的装配和永磁体的加工性能来确定永磁体的形状。

本书中磁流体密封的轴径较小,故采用环状的永磁体。另外,为了保证密封间隙内磁场强度满足设计要求,同时保证永磁体内部的磁场强度 $H_m$ 和磁感应强度 $B_m$ 能够工作在最大磁能积点位置,轴向长度 $L_m$ 和横截面积 $S_m$ 还需要有适当比例关系。

根据文献可知:

$$L_m = 2f_1 H_0 L_g / H_m \tag{2-42}$$

式中 $f_1$——磁路的磁压损失系数,为永磁体产生的磁压与作用在密封间隙上的有用磁压之比,一般取 $f_1 = 1.05 \sim 1.55$,$H_0$ 为最大工作场强。

$$H_m = \sqrt{\frac{H_c}{B_r}(BH)_{\max}} = \sqrt{\frac{943 \times 10^3}{1.364} \times 287 \times 10^3} = 4.45 \times 10^5 \text{ A/m} \tag{2-43}$$

$$L_m = 2f_1 H_0 L_g / H_m = 2 \times 1.55 \times 1.6 \times 10^6 \times 0.2 / (4.45 \times 10^5) = 2.22 \text{ mm} \tag{2-44}$$

考虑到漏磁的情况,本书中磁铁的厚度设计为 6 mm。

参照文献中矩形齿结构的取值范围和 2.2.2 中已经确定的齿型参数可以计算出:

第一特征比:$t_1 = L_t / L_g = 4$;

第二特征比:$t_2 = L_h / L_s = 0.875$;

第三特征比:$t_3 = L_s / L_g = 16$。

根据 $t_2$、$t_3$ 的值查图 2-13,可得出 $G_2 \approx 49.5$,将其与转轴半径 $R = 6$ mm 代入下式:

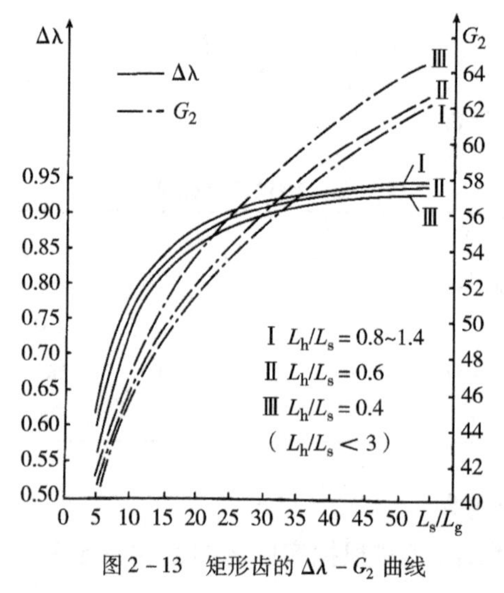


图 2-13 矩形齿的 $\Delta\lambda - G_2$ 曲线

$$G_0 = R \cdot L_g[6.278 \times (t_1 - 4) + G_2] \tag{2-45}$$

得几何磁导 $G_0 = 6 \times 0.05 \times [6.278 \times (4-4) + 49.5] = 14.85\ \mathrm{mm}^2$。

根据公式：

$$S_m = \frac{0.5 f_2 B_0 N G_0}{B_m} \tag{2-46}$$

式中　$f_2$——磁路的磁流失系数，这里取 $f_2 = 1.1$；

$N$——总密封级数，这里取 $N = 20$；

$B_0$——最大磁感应强度，这里取 $B_0 = 2\mathrm{T}$。

$$B_m = \sqrt{\frac{B_r}{H_c}(BH)_{\max}} = \sqrt{\frac{1.364}{943 \times 10^3} \times 287 \times 10^3} = 0.6443\mathrm{T} \tag{2-47}$$

将各参数代入式(2-46)，可得永磁体的截面面积为：

$$S_m = \frac{0.5 f_2 B_0 N G_0}{B_m} = \frac{0.5 \times 1.1 \times 2 \times 20 \times 14.85}{0.64} = 510.47\ \mathrm{mm}^2 \tag{2-48}$$

在设计过程中取永磁体的外径 $D_2 = 27\ \mathrm{mm}$。

根据公式：

$$\frac{\pi}{4}(D_2^2 - D_1^2) = S \tag{2-49}$$

可算出：

$$D_1 = \sqrt{D_2^2 - \frac{4S_m}{\pi}} = \sqrt{27^2 - \frac{4 \times 510.47}{\pi}} = 8.9\ \mathrm{mm} \tag{2-50}$$

根据实际密封结构的安装、配合要求和以前的设计先例，最终永磁体的结构确定如下：$D_2 = 27\ \mathrm{mm}$；$D_1 = 18\ \mathrm{mm}$；$L_m = 6\ \mathrm{mm}$。

磁铁结构如图 2-14 所示。

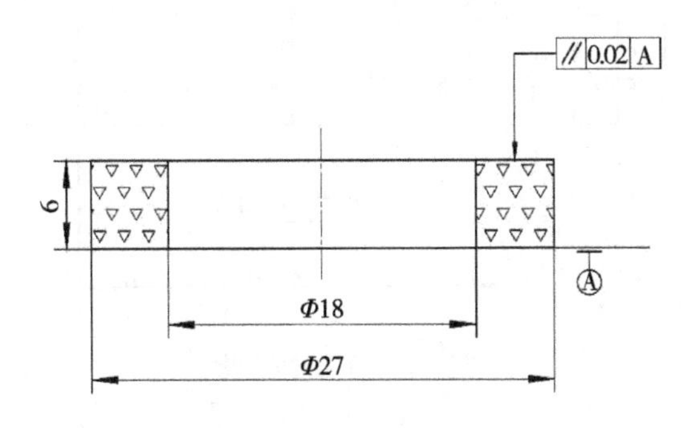


图 2-14　磁铁的结构图

### 2.2.1.4 极靴的设计

(1)极靴材料的选择。

极靴作为磁流体密封结构中的关键部件,其材料的选择是磁流体密封设计中的重要组成部分。由于软磁材料的磁滞回线窄,剩磁和矫顽力都较小,磁导率高,因此,磁流体密封的设计中极靴通常选用软磁材料。本书设计的密封结构中极靴选用的材料为不锈钢2Cr13,该材料导磁性能优异、耐腐蚀性好且机械加工性能较好,易于加工。

(2)极靴形状的确定。

极靴内径取决于转轴的直径和密封间隙。为了研究密封间隙变小对磁流体密封液体性能的影响,本书同时设计了0.1 mm和0.2 mm密封间隙的磁流体密封结构与0.05 mm小间隙进行对比研究。本书中转轴直径为12 mm,故极靴内径分别选取12.1 mm、12.2 mm、12.4 mm。根据实际的安装空间和以前的设计经验,极靴外径设计为28 mm。

由于本结构中极靴内径较小,为了便于加工,将极齿设计在转轴上。另外,为了便于永磁体的安装,在极靴接触永磁体的一侧设计凸台,高度为0.5 mm;在极靴外圆柱面的中部加工一个用来安装橡胶密封圈的环形缺口,深度1.5 mm,与外壳形成静密封,防止被密封液体从极靴和外壳之间泄漏。以内径等于12.2 mm的极靴为例,其结构如图2-15所示。

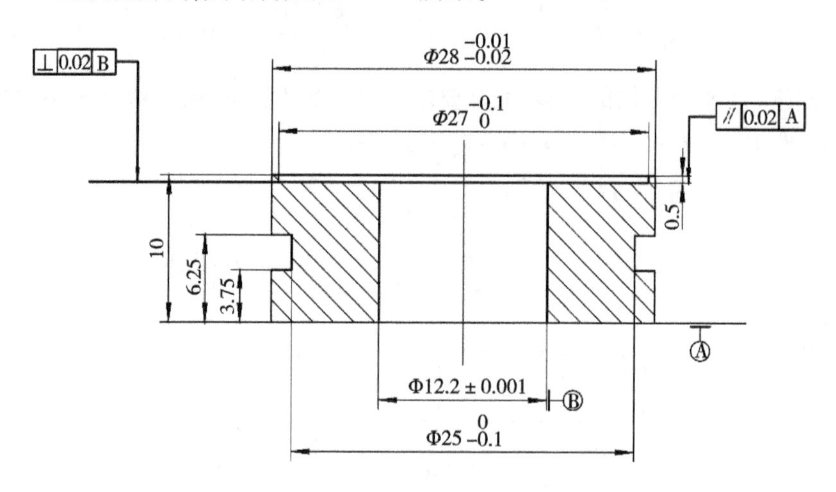


图2-15 极靴的结构图

### 2.2.1.5 转轴的设计

转轴的设计是磁流体密封设计中的重要组成部分。本结构转轴直径较小,为了降低在极靴上加工极齿的难度，本结构采用轴上加工极齿的方式。另外，由于电动机的输出端为 8°的锥孔，故在轴的下端设计角度为 8°的锥度。这样转轴与电动机的输出端刚性相连，保证了转轴与电动机输出端的同轴度要求。转轴的结构如图 2－16 所示。本设计中转轴选用的材料也为不锈钢 2Cr13。

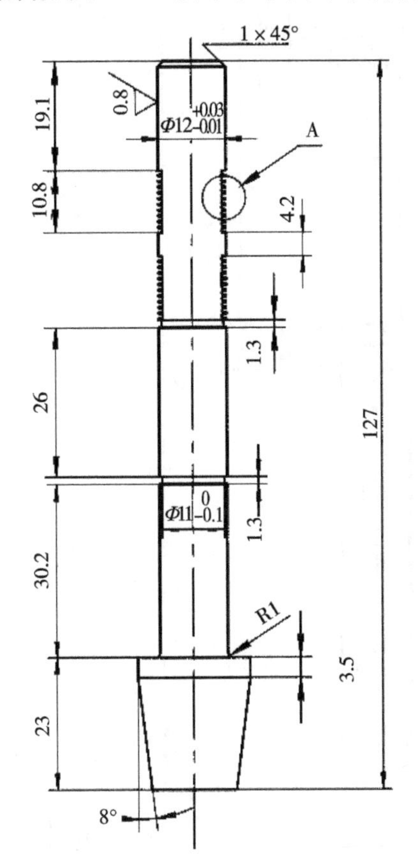


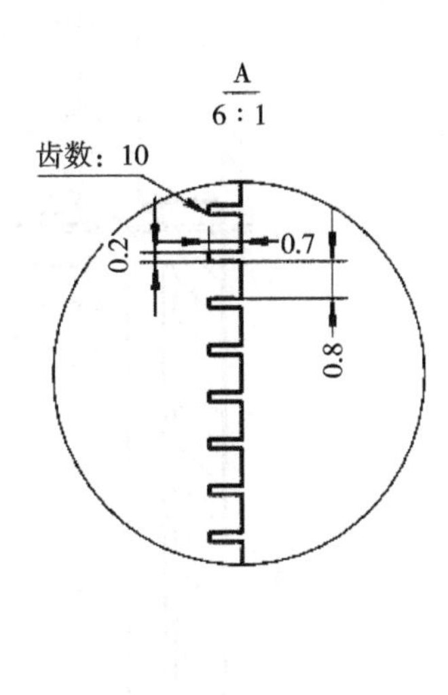


图 2－16　转轴的结构图

#### 2.2.1.6　外壳和密封腔的设计

外壳在磁流体密封结构中起到重要作用。外壳通过定位密封组件使各组件保持同轴度，保证一致的密封间隙，同时防止转轴与极靴间的摩擦磨损。其结构如图 2－17 所示。

密封腔的结构设计中，需要保证被密封液体的容积和密封性。其结构如图 2－18 所示。

在外壳和密封腔材料的选择上，需要考虑两点：

（1）外壳和密封腔材料需选用非导磁材料；

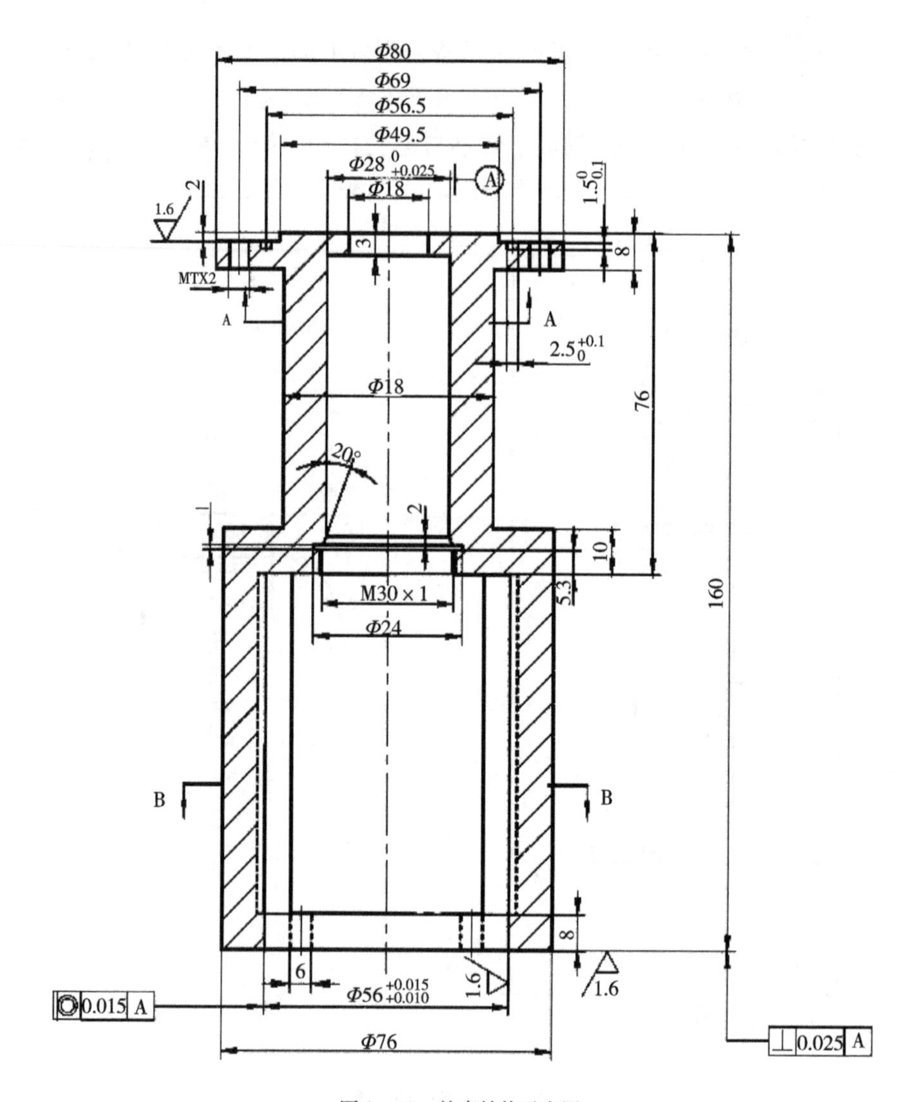


图 2－17　外壳结构示意图

（2）该密封结构放置于电机上，而外壳和密封腔又是本结构中体积最大的组件，故为了减轻电机的受力，外壳和密封腔需选用密度较小的材料以减轻其重量。

基于以上原因，本结构中选择铝合金作为外壳和密封腔的材料。

#### 2.2.1.7　隔磁环的设计

隔磁环是用来隔离磁路的，故选用非导磁材料。考虑到机械加工性能及耐腐蚀性能的要求，隔磁环的材料选用 304 不锈钢。

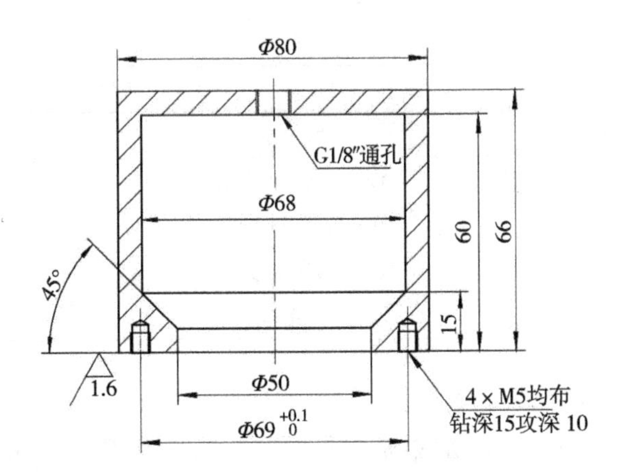


图 2－18　密封腔结构示意图

隔磁环位于轴承和极靴之间，隔离环的外径与极靴相同，外径为 28 mm，内径为 22 mm。隔磁环结构如图 2－19 所示。

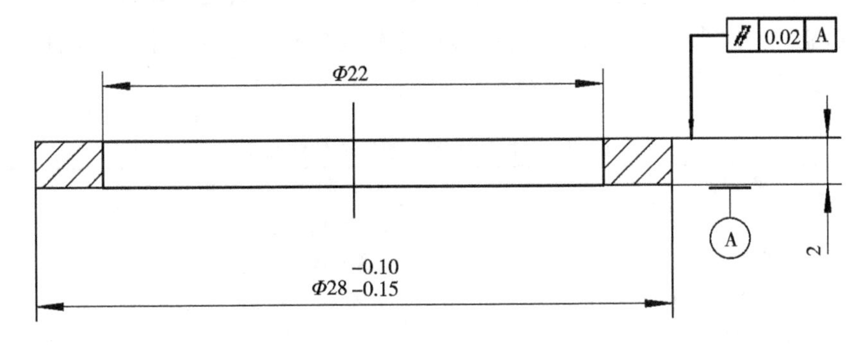


图 2－19　隔磁环的结构图

#### 2.2.1.8　轴承的选择

根据密封件的工作环境和设计要求，密封件工作时轴承受到的轴向力和径向力都较小，故可选择比较常用的深沟球轴承。轴的直径为 12 mm，外壳的内径为 28 mm，参照以上结构参数，选择的轴承为 NSK6001。基本参数见表 2－7。

**表 2－7　轴承的基本参数**

| | | |
|---|---|---|
| 基本参数 | 型号 | NSK6001 |
| | 系列 | 深沟球轴承 |
| 外形尺寸 | 内径 $d$(mm) | 12 |
| | 外径 $D$(mm) | 28 |
| | 宽度 $B$(mm) | 8 |

续表

| 基本参数 | 型号 | NSK 6001 |
| --- | --- | --- |
| | 系列 | 深沟球轴承 |
| 单列额定载荷 | *Cr* 额定动载荷(N) | 5100 |
| | *Cor* 额定静载荷(N) | 2370 |
| | *Cr* 额定动载荷(kg) | 520 |
| | *Cor* 额定静载荷(kg) | 241 |

#### 2.2.1.9 磁流体的选择

磁流体的饱和磁化强度是磁流体非常重要的性能参数,由磁流体颗粒的尺寸、基载液和表面活性剂决定,是影响磁流体密封结构耐压性能的重要因素。磁流体中的磁性颗粒的尺寸为纳米级。

基载液是磁流体重要的组成部分,它使磁流体也具有液体的性质,使外部磁场中的磁流体可以填充在转轴与极靴之间的密封间隙内,使磁流体密封实现零泄漏功能。一般来说,基载液需满足低黏度及低蒸发速率的要求。不同种类的基载液磁流体的特点如表 2-8 所示。

**表 2-8 不同种类基载液磁流体的特点**

| 基载液名称 | 对应的磁流体的特点 |
| --- | --- |
| 水 | 价格低廉,制造工艺简便 |
| 机油 | 价格低廉,蒸汽压较低 |
| 煤油 | 价格低廉,蒸汽压较低 |
| 酯和二酯 | 蒸汽压低 |
| 精致合成油 | 蒸汽压低 |
| 硅酸盐酯类 | 耐寒性好 |
| 碳氢化合物 | 黏度低 |
| 氟碳基化合物 | 液体不溶性,工作温度范围较宽 |

当用磁流体密封液体介质时,选择基载液首先要保证基载液与被密封液体不互溶。本书中的被密封液体为水,故我们选择与水不互溶且加工成本较低的机油作为磁流体的基载液。

表面活性剂也是磁流体的重要组成部分之一,其包覆在磁性颗粒的表面上,能够防止固体磁性颗粒的团聚,避免其沉淀,使其稳定地悬浮在基载液中。因此,磁流体即使有重力场及磁场等有势场的作用却仍然能够保持稳定。不同的基载液所选用的表面活性剂也是不同的,如表 2-9 所示。

**表 2－9　表面活性剂**

| 基载液名称 | 适用于该基载液的表面活性剂 |
| --- | --- |
| 水 | 不饱和脂肪酸以及他们衍生物的盐类及皂类 |
| 机油 | 油酸等 |
| 煤油 | 油酸等 |
| 酯和二酯 | 油酸、亚油酸、亚麻酸等 |
| 精致合成油 | 油酸、亚油酸、亚麻酸等 |
| 碳氢化合物 | 油酸、亚油酸及其他非离子型表面活性剂 |
| 氟碳基化合物 | 氟醚油、氟醚磺酸以及他们的衍生物 |
| 聚苯基醚 | 苯基十一烷酸，邻苯氧基苯甲酸 |

本书选用的机油基磁流体的饱和磁化强度为 24.13 kA/m，密度为 1224 $kg/m^3$。其磁化曲线如图 2－20 所示。

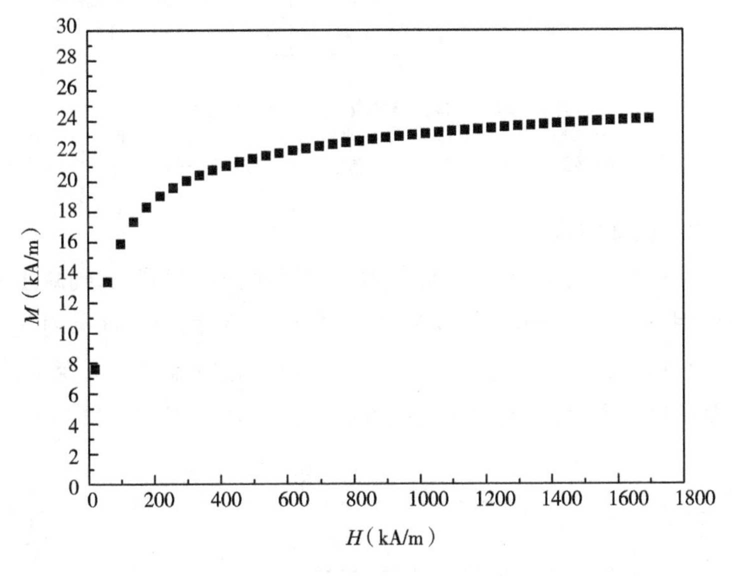


图 2－20　磁流体的磁化曲线

## 2.2.2　结构设计方案二

### 2.2.2.1　总体方案设计

为了减小磁流体与被密封液体界面处两种流体的速度差，在方案一的基础上，方案二在磁流体与被密封液体界面处添加了挡板，形成了带有挡板的小间隙直接接触型磁流体密封结构。其挡板内径与极靴内径保持一致，总体结构如图 2－21所示。

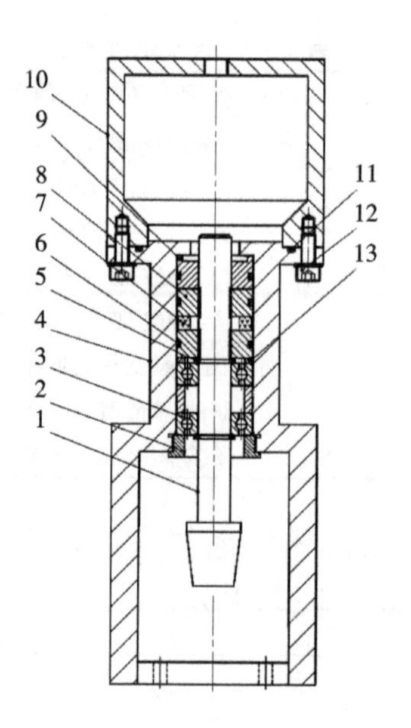


图 2-21 直接接触型磁流体密封结构方案二
1—转轴 2—螺纹压盖 3—轴承 4—外壳 5,8—极靴
6,11—"O"形橡胶密封圈 7—永磁体 9—挡板 10—密封腔—12—螺栓 13—隔磁环

#### 2.2.2.2 挡板的设计

挡板的结构分为两部分,下半部分内径与极靴内径相同,起到减小两种流体速度差的作用,下文中提到的挡板厚度为该部分的高度;上半部分内充满被密封液体。为了分析挡板厚度对密封寿命的影响,将挡板厚度设置为变量,挡板的上下两部分总高度不变,便于密封结构的拆装,总体结构如图 2-22 所示。

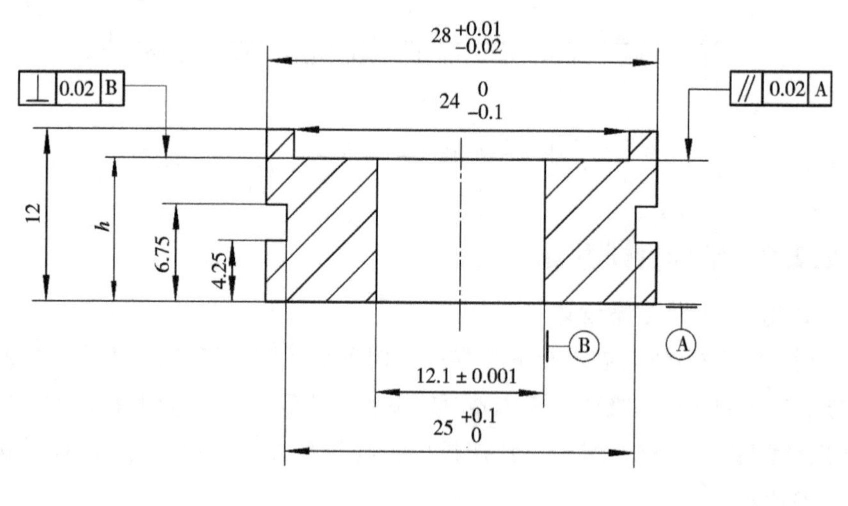


图 2-22 挡板

由于实验中需要加工不同厚度的多个挡板，且挡板的材料需选用非导磁材料，故本结构中选择便于加工的铝合金作为挡板的材料。

在方案二中，由于极靴与转轴的相对位置发生了变化，故转轴上极齿的位置做了相应调整。

## 2.3　直接接触型磁流体旋转密封的数值模拟

### 2.3.1　磁流体与被密封液体的计算流体动力学研究

由以上理论分析及前人研究结果可知，当转轴转速较高时，直接接触型磁流体密封结构中磁流体与被密封液体界面的 Kelvin - Helmholtz 不稳定性会发生和增长，最终导致磁流体密封失效。然而，实验中观察不到磁流体与被密封液体界面的变化情况，为了更加直观地了解磁流体与被密封液体界面的破坏过程，本节对磁流体与被密封液体的两相流进行了数值模拟。考虑到添加磁场后磁场与两相流的耦合问题，又因为磁流体密封的模拟本身是一个多尺度问题，计算量较大，不容易收敛，且本节只关注磁流体与被密封液体界面破坏过程中的各相分布变化，故以下数值模拟不考虑磁场影响，仅对磁流体与被密封液体进行计算流体动力学研究，考察磁流体与被密封液体界面破坏过程中的相分布和速度分布。

计算流体动力学(Computational Fluid Dynamics, CFD)是经计算机数值计算以及图像显示，对包含有流体流动与热传导等相关的物理现象所做的分析。通过数值模拟，可预测多相系统内流体、颗粒和气泡的复杂的运动规律，得到设计所需的定量数据，同时又能把实验所需的时间、人力、物力降低到最低限度。

CFD 基本的思想可以定义为：把原先在时间域和空间域上连续的物理量的场，例如速度场和压力场，用一系列有限数量离散点上的变量值的集合来替换，通过一定原则以及方式建立了关于这些离散的点上场变量之间关系的代数方程组，然后通过求解代数方程组来获得场变量近似值。

下面将以上节结构设计中的方案一为例，对直接接触型磁流体密封结构中的磁流体和被密封液体两相流进行计算流体动力学研究。

#### 2.3.1.1　CFD 模型的建立

本部分详细介绍磁流体与被密封液体液 - 液两相流的流体动力学模型的建立过程。

(1)模拟方法。

磁流体与被密封液体的流体动力学问题属于两相流问题，且不能混合。VOF 模型(Volume of Fluid Model)是一种在固定的欧拉网格下的表面跟踪技术，由 Hirt 和 Nichols 在 1981 年提出。当需要得到两种或两种以上互不相溶流体间的交界面时，可以采用这种模型。由于 VOF 方法追踪的是网格中的流体体积，不是追踪流体质点的运动，因而具有容易实现、计算量小和精度高等优点。故本节采用 Fluent 中的 VOF 模型追踪磁流体和被密封液体的界面。

VOF 模型中，两种流体共用一组动量方程，计算域中各流体的体积分数(volume fraction)在每个计算单元上被跟踪。VOF 模型的应用场合有：分层流、自由面流动、灌注、晃动，液体中大气泡的流动、水坝决堤时的水流、任意气 - 液的稳态或瞬态分界面问题。

通常，VOF 模型只用于瞬态计算，本节选择的也是瞬态计算。VOF 模型的公式是基于各相之间互不渗入这一事实。模型中每增加一个相就引入另外一个变量，即该相的体积分数。每个网格单元内所有相的体积分数和等于 1。流场中的所有变量及物性均为各相共享，只要知道每个网格单元中各相的体积分数，就能用体积平均求出这些变量和物性。因此，任何网格单元的变量及物性是仅仅代表一个相，还是代表多个相的混合，完全取决于相的体积分数值的大小。如果某单元内第 $q$ 相的体积分数记为 $\alpha_q$，那么有以下三种情况：

$\alpha_q = 0$：该单元内不存在第 $q$ 相；

$\alpha_q = 1$：该单元内全部是第 $q$ 相；

$0 < \alpha_q < 1$：该单元内含有第 $q$ 相与其他相。

根据局部的 $\alpha_q$ 值，计算域内的所有网格单元被赋予了合适的物性。

①体积分数方程。

Fluent 通过求解一个相或多个相的体积分数的方程，实现对相界面的跟踪。对第 $q$ 相，方程具有以下形式：

$$\frac{\partial}{\partial t}\alpha_q\rho_q + \nabla\cdot(\alpha_q\rho_q U_q) = S_q + \sum_{p=1}^{n}(\dot{m}_{pq} - \dot{m}_{qp}) \tag{2-51}$$

式中 $\dot{m}_{pq}$——从第 $p$ 相到第 $q$ 相的质量传递；

$\dot{m}_{qp}$——从第 $q$ 相到第 $p$ 相的质量传递。默认情况下 $S_q$ 为 0。体积分数根据下面的约束条件公式计算：

$$\sum_{q=1}^{n}\alpha_q = 1 \tag{2-52}$$

本节的研究对象为磁流体与被密封液体，故为两相流，如果两相分别用下标

1 和 2 表示，则 $\alpha_1+\alpha_2=1$。

当使用隐式时间格式时，体积分数方程可离散如下：

$$\frac{(\alpha_q\rho_q)^{n+1}-(\alpha_q\rho_q)^n}{\Delta t}V+\sum_f(\rho_q U_f\alpha_{q,f})^{n+1}=S_q V+V\sum_{p=1}^{n}(\dot{m}_{pq}-\dot{m}_{qp}) \tag{2-53}$$

式中　$n+1$——当前时间步；

$n$——前一个时间步；

$\alpha_q^{n+1}$——在 $n+1$ 时间步的网格单元体心的体积分数值；

$\alpha_q^{n}$——在 $n$ 时间步的网格单元体心的体积分数值；

$\alpha_{q,f}^{n+1}$——在 $n+1$ 时间步的网格单元面心的体积分数值；

$U_f^{n+1}$——在 $n+1$ 时间步的网格单元面心的速度；

$V$——网格单元的体积。

当前时间步的相体积分数是当前时间步其他相变量的函数，因此，求解任意时间步的某一次相的体积分数时需要对相体积分数方程进行迭代求解。面心的通量可通过选择空间离散格式进行插值获得。

②物性。

多相流体的物性取决于每个网格单元内的相的组成。以密度为例，对于 $n$ 相流系统，基于体积分数平均的密度可以通过以下形式计算：

$$\rho=\sum\alpha_q\rho_q \tag{2-54}$$

本书的研究对象为两相流系统，如果要跟踪第二相的体积分数，那么每个网格单元的密度可根据下式计算：

$$\rho=\alpha_2\rho_2+(1-\alpha_2)\rho_1 \tag{2-55}$$

其他的所有物性都与式(2－55)的计算方式相同。

③动量方程。

通过求解整个区域内的动量方程，得到的速度场由各相共享。动量方程中的物性参数取决于各相的体积分数。动量方程如下式所示：

$$\frac{\partial}{\partial t}(\rho\boldsymbol{v})+\nabla\cdot(\rho\boldsymbol{v}\boldsymbol{v})=-\nabla p+\nabla\cdot[\mu(\nabla\boldsymbol{v}+\nabla\boldsymbol{v}^{\mathrm{T}})]+\rho\boldsymbol{g}+\boldsymbol{F} \tag{2-56}$$

④能量方程。

能量方程同样被所有相共享，如下式所示：

$$\frac{\partial}{\partial t}(\rho E)+\nabla\cdot[v(\rho E+p)]=\nabla\cdot(k_{\mathrm{eff}}\nabla T)+S_{\mathrm{h}} \tag{2-57}$$

式中 $E$——能量；

$T$——温度；

$k_{\text{eff}}$——有效热传导；

$S_{\text{h}}$——源项。

VOF 模型中能量 $E$ 和温度 $T$ 均为基于质量平均的变量：

$$E = \frac{\sum_{q=1}^{n} \alpha_q \rho_q E_q}{\sum_{q=1}^{n} \alpha_q \rho_q} \tag{2-58}$$

式中 $E_q$——该相的比热和温度的函数。物性 $\rho$ 和 $k_{eff}$ 被各相共享。源项 $S_h$ 包含辐射及其他体积热源项。

⑤表面张力。

VOF 模型考虑相界面的表面张力效应。表面张力是流体中分子吸引力作用的结果。表面张力是一种仅作用在表面上的力，其使表面在上述力的相互作用下保持平衡。即表面张力和径向向内的分子间吸引力、径向向外的表面内外压力差构成一个平衡系统。Fluent 中表面张力模型是由 Brackbil 等提出的连续表面张力模型（Continuum Surface Force，CSF）。该模型通过动量方程的源项添加表面张力效应。为了理解源项的起源，以本节研究的界面为例，即表面张力为常量，且只考虑界面上的法向力。

在 Fluent 数值模拟中，CSF 模型中的界面法向 $\boldsymbol{n}$ 由第 $q$ 相体积分数的梯度计算得出：

$$\boldsymbol{n} = \nabla \alpha_q \tag{2-59}$$

表面曲率 $\kappa$ 定义为单位法向量 $\boldsymbol{n}_0$ 的散度：

$$\kappa = \nabla \cdot \boldsymbol{n}_0 \tag{2-60}$$

式中，

$$\boldsymbol{n}_0 = \frac{\boldsymbol{n}}{|\boldsymbol{n}|} \tag{2-61}$$

根据散度定理，表面处的力可转换为体积力。该体积力就是动量方程中增加的源项，其表达式为：

$$\boldsymbol{F}_{vol} = \sum_{pairs\ ij, i<j} \sigma_{ij} \frac{\alpha_i \rho_i \kappa_j \nabla \alpha_j + \alpha_j \rho_j \kappa_i \nabla \alpha_i}{\frac{1}{2}(\rho_i + \rho_j)} \tag{2-62}$$

对于包含有两相或多相的网格单元，式（2－62）允许该网格单元附近的力平滑叠加。如果该网格单元仅包含有两相，则 $\kappa_i = -\kappa_j$，且 $\nabla\alpha_i = -\nabla\alpha_j$，式(2－62)可化简为：

$$F_{vol} = \sigma_{ij}\frac{\rho\kappa_i \nabla\alpha_i}{\frac{1}{2}(\rho_i + \rho_j)} \tag{2-63}$$

式中　$\rho$——体积平均后的密度。

式(2－63)表明网格单元的表面张力源项与该单元的密度成正比。

表面张力效应的重要性可由两个无量纲数来判断：雷诺数 $Re$ 和毛细管数 $Ca$ 或雷诺数 $Re$ 和韦伯数 $We$。

当 $Re \ll 1$ 时，表面张力效应的重要性取决于毛细管数：

$$Ca = \frac{\mu U}{\sigma} \tag{2-64}$$

式中　$\mu$——黏度；

$U$——速度；

$\sigma$——界面张力。

当 $Re \gg 1$ 时，表面张力效应的重要性取决于韦伯数：

$$We = \frac{\rho L U^2}{\sigma} \tag{2-65}$$

⑥壁面黏附。

在 VOF 模型里也可以指定壁面黏附模型（通过指定壁面接触角）并和表面张力模型结合使用。该模型也是由 Brackbill 等提出。该模型并不是把该边界条件直接用在壁面本身，而是通过指定流体和壁面之间界面法向来指定接触角。这种动态的边界条件最终导致壁面附近界面的曲率发生变化。

如若壁面处的接触角记为 $\theta_w$，则壁面附近毗连的网格单元的表面法向可以表示为：

$$\boldsymbol{n}_0 = \boldsymbol{n}_{w0}\cos\theta_w + \boldsymbol{t}_{w0}\sin\theta_w \tag{2-66}$$

式中　$\boldsymbol{n}_{w0}$——壁面的单位法向量；

$\boldsymbol{t}_{w0}$——单位切向量。

接触角和一个单元正常计算的偏离壁面的表面法向量一起影响了表面的局部曲率，该曲率常被用于在表面张力的计算中的体积力项。接触角 $\theta_w$ 是壁面与壁面上界面相切线之间夹角，如图 2－23 所示。

(2)计算域及边界条件。

考虑到实验验证的问题，计算域及边界条件均与实验情况相对应。

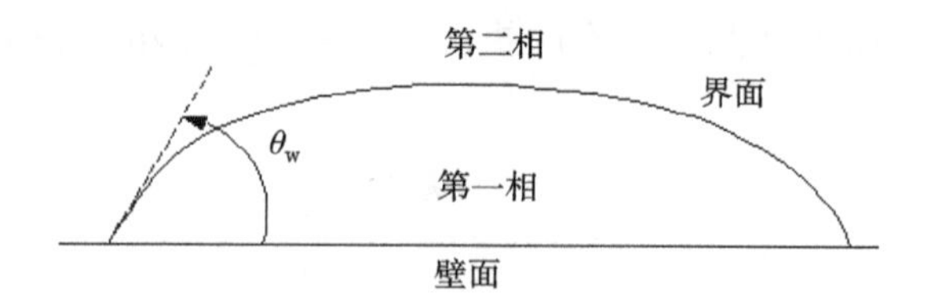


图2－23　接触角示意图

考虑到转轴转速对磁流体与被密封液体的界面的影响，建立如图2－24所示的三维模型。该模型由密封腔（上部）、极靴与转轴之间的密封间隙（下部）两部分组成。密封腔内为被密封液体，密封间隙内为磁流体。规定水平面为$x-y$平面，竖直方向为$z$方向。其中，模型几何参数均与方案一的实验模型相同，具体确定方法见2.2.1。

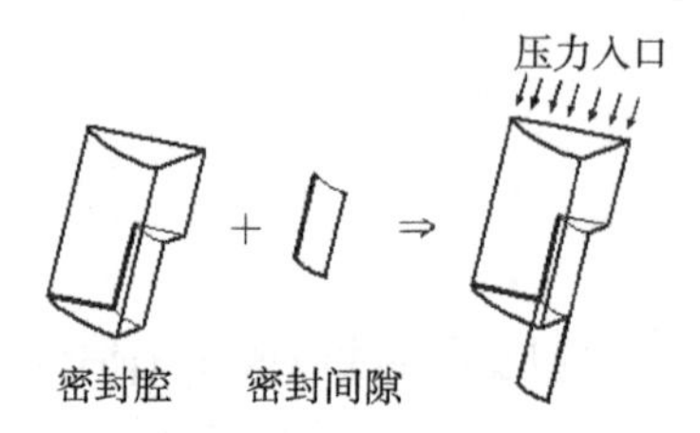


图2－24　直接接触型磁流体密封结构方案一的几何模型

磁流体与被密封液体的界面位于密封腔与密封间隙的界面处，被密封液体水用黑色表示，磁流体用竖线表示，如图2－25所示。密封间隙与密封腔内的空间之间可进行流体交换。模型上端为压力入口，下端封闭。

（3）流体物性参数。

本节研究的对象为磁流体与被密封液体的界面状态，故主要针对磁流体及被密封液体的流动进行研究。流体物性参数根据实验实际情况设定。所选用的磁流体为不可压缩流体，其密度$\rho_1 = 1.224\times10^3$ kg/m$^3$，动力黏度$\mu_1 = 3\times10^{-2}$ kg/ms；被密封液体水也为不可压缩流体，其密度$\rho_2 = 0.9982\times10^3$ kg/m$^3$，动力黏度$\mu_2 = 1.003\times10^{-3}$ kg/ms。

（4）网格划分。

由于模型几何形状规则，整个计算域均使用四边形网格进行划分。为合理分配计算资源，在计算域距离磁流体与被密封液体界面较远处等流动变化较小的区域使用尺寸较大的网格，而在磁流体与被密封液体界面附近等流动状态复杂的区域对网格进行加密。同时，由于磁流体所处间隙宽度很小，故该间隙内网

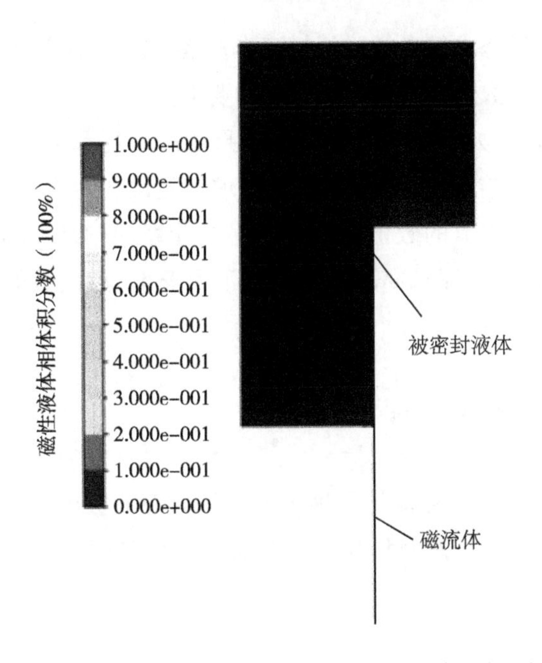


图 2－25　直接接触型磁流体密封结构方案一模型内的液－液两相

格尺寸相应较小。整个计算域内,最小网格位于磁流体与被密封液体的界面处,其量级为 $1\times10^{-5}$ m。最大网格位于计算域外侧,其量级为 $1\times10^{-3}$ m。网格模型如图 2－26 所示。

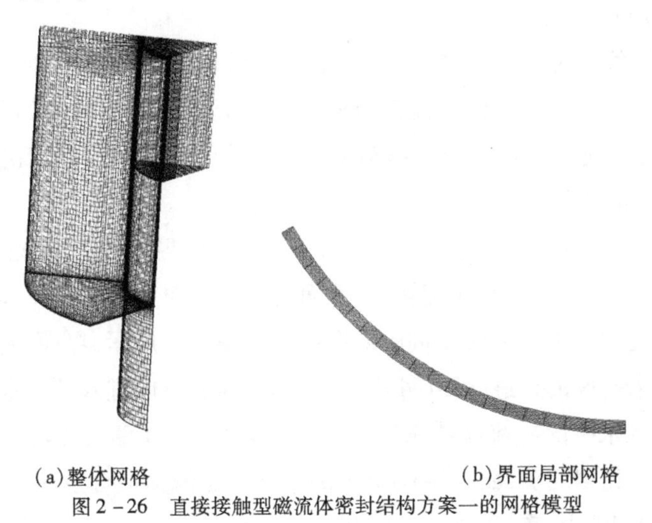

（a）整体网格　（b）界面局部网格

图 2－26　直接接触型磁流体密封结构方案一的网格模型

（5）瞬态求解参数。

磁流体与被密封液体的界面变化过程是一个瞬态流动问题,故本节数值模拟采用瞬态求解。瞬态求解参数包括时间步长 $\Delta t$ 与求解时长 $T$。在确定这两个参数时需要综合考虑数值求解和数据采样的要求。

首先,时间步长的大小直接影响数值结果的准确性和数值计算的成本。时间步长过大可能导致结果准确度降低,甚至求解发散。时间步长过小则会造成计算时间成本增加。本节的数值模拟采用隐式计算,所选取时间步长均能满足计算结果的库朗数($CFL$ 即 Courant number)不大于 5。库朗数的表达式为:

$$CFL = \frac{u_{\text{cell},i}\Delta t}{\Delta x_i} \tag{2-67}$$

式中 $u_{\text{cell},i}$——单元速度分量;

$\Delta x_i$——单元尺寸分量。

对于求解时长 $T$,在对磁流体与被密封液体界面的数值模拟中,需考察磁流体与被密封液体界面的形态及模型内两相流速度场随时间的变化,需要足够长的求解时间。

(6)离散方法。

根据所划分的四边形网格,使用基于单元体的最小二乘法(Least Squares Cell Based)求解单元体中心结果变量的梯度;采用二阶差分格式求解流场变量,如压力、速度、密度等。使用一阶差分格式进行时间离散。

2.3.1.2 **模拟结果及分析**

(1)相分布。

设置初始条件为密封间隙 0.1 mm;被密封液体上端压力 0.2 MPa;转轴转速 1800 r/min。开始模拟时,假设被密封液体与磁流体的界面的初始状态为平面,考察磁流体与被密封液体界面的形态变化过程及两相流的流动情况。模拟过程中的两相分布的变化情况如图 2-27 所示。

由图 2-27 可以看出,模拟开始时的水与磁流体界面的初始状态如图(a)所示,近似平面;转轴以固定转速旋转,在界面的切向方向上水与磁流体产生了速度差,其界面发生了 Kelvin-Helmholtz 不稳定性,如图(b)所示,界面不再是平面,产生了波纹;随着时间的推进,可以明显地看到有少量磁流体进入到了水中,如图(c)所示;之后进入水中的磁流体越来越多,如图(d)所示;伴随着磁流体脱离密封间隙,水也进入了密封间隙,如图(e)所示;最后,水与磁流体混合在一起,越来越多的水进入到密封间隙中,直至密封失效,如图(f)所示。

通过以上相分布的模拟结果,可以清晰地看到磁流体与被密封液体界面的形态变化过程及两相流的流动情况。

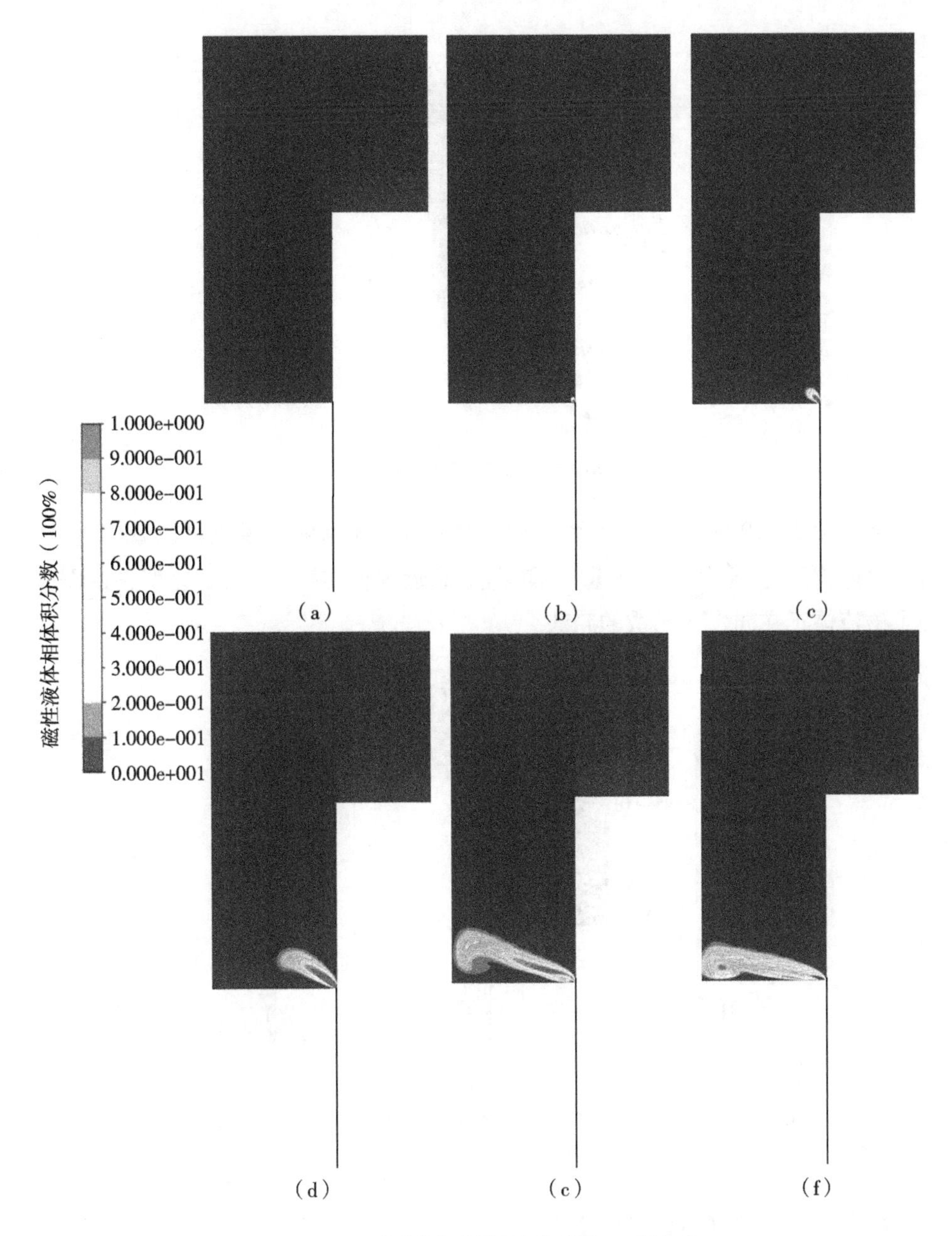


图2-27　磁流体与水界面变化过程——相分布

(2)速度分布。

模拟得到的整个计算域内的速度矢量图如图2-28所示。从图中可以看出，密封间隙内的磁流体与密封腔内的水在转轴表面的线速度相同，均等于转轴的线速度，为1.139 m/s。在界面处存在从磁流体一侧指向水一侧的速度矢量，最大处约为0.85 m/s。

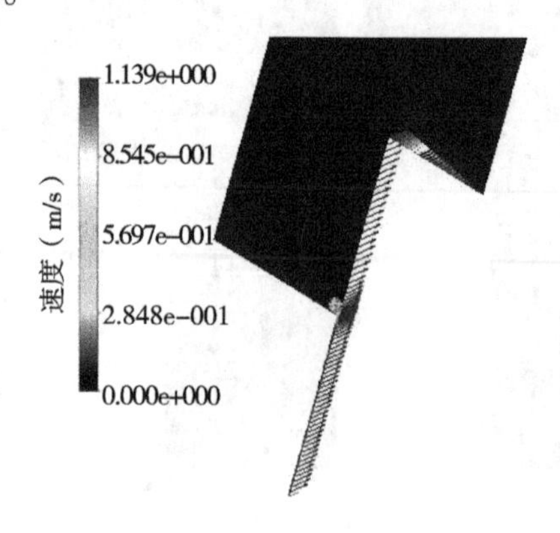


图2-28　整体速度矢量图

从如图2-29所示的界面和密封间隙内的局部速度矢量也可以看出，在密封间隙内，存在向上的速度矢量，且越向上靠近界面，速度越大。速度矢量图验证了磁流体正在向水中扩散的趋势。

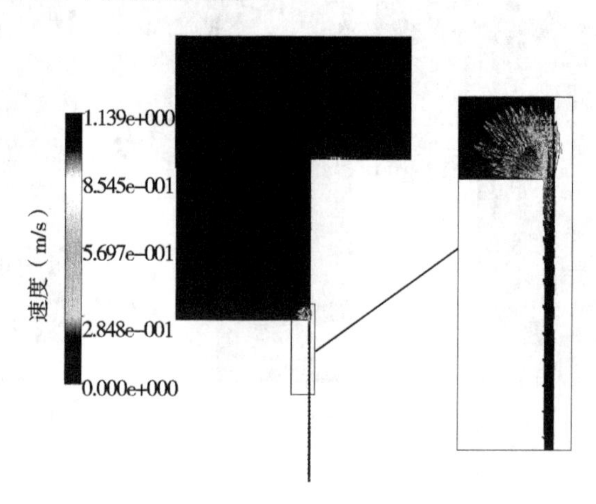


图2-29　局部速度矢量图

## 2.3.2　磁场的数值研究

本部分在2.2中设计的两种直接接触型磁流体密封结构方案的基础上，采用有限元法对上述结构内的磁场进行数值研究，得到密封间隙内的磁场分布，并根据第一节的磁流体密封耐压公式，计算出该磁流体密封结构静密封液体的理论耐压能力。为了研究密封间隙变小对磁流体密封液体性能的影响，本书同时研究了0.1 mm和0.2 mm密封间隙下的磁场分布与0.05 mm小间隙进行对比，并为下章直接接触型磁流体密封的实验研究做好铺垫。

#### 2.3.2.1　磁流体密封中磁场的有限元分析

本节应用 Ansys 软件对磁流体密封进行磁场的有限元分析。内容包括磁回路分析、磁通量密度矢量、节点磁通密度云图、间隙中磁通密度分布。因为磁流体密封中的磁源是永磁体，故磁场不随时间变化，且磁流体密封是轴对称结构，故选用二维静态分析。

与其他场的有限元分析类似，磁流体密封结构内的磁场分析的主要步骤如下：

①创建物理环境；

②建立磁流体密封模型；

③划分网格并加载边界条件；

④施加载荷并计算求解；

⑤后处理，得到密封结构中磁场的分析结果。

(1)创建物理环境。

磁流体密封的物理环境主要涵盖单元及其选项的确定，极靴、永磁体材料、磁流体和空气等非导磁材料的性能数据的输入等多个方面。

磁流体密封组件中的永磁体、极靴、转轴、空气的材料属性分别定义为：

①空气：磁导率 $\mu_r = 1.0$；

②永磁体：钕铁硼 $\mu_r = 1.05$，矫顽力 $H_c = 8.9 \times 10^5$ A/m；

③转轴和极靴使用的不锈钢 2Cr13 的 B－H 曲线通过查阅资料得到，如图 2－30所示。

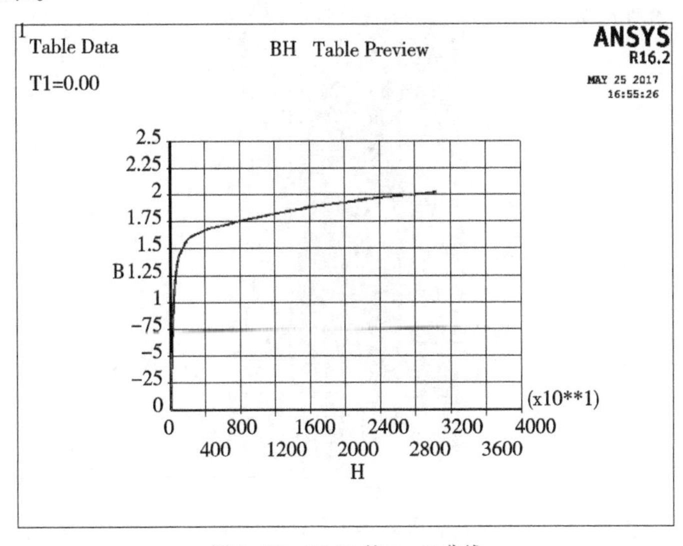


图 2－30　2Cr13 的 B－H 曲线

(2)模型的建立。

建立密封结构的二维模型,如图2-31所示。A1是空气;A2是转轴;A3是永磁体;A4是极靴。其中,极齿开在轴上。

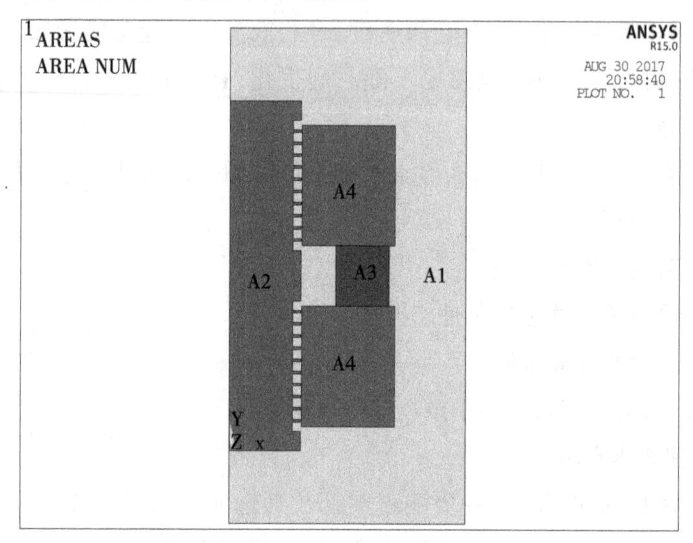


图2-31 磁场分析模型

(3)网格的划分。

模型建立以后,将上边定义的各部件的材料属性赋给建立好的模型,然后进行网格划分,生成的网格如图2-32所示,网格在极齿部分划分得较密集,空气部分

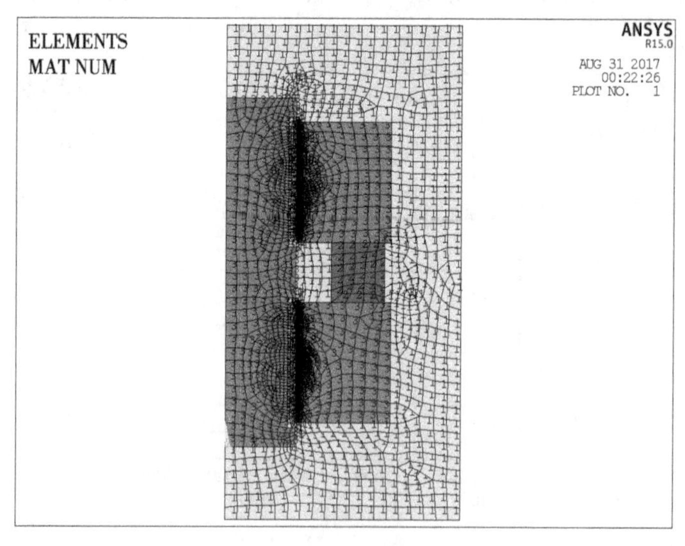


图2-32 网格图

网格较为稀疏，网格划分效果较好，有利于更好地分析极齿位置磁场的强度。

网格划分以后要加载边界条件。二维静磁场问题常用的边界条件有：磁力线平行或垂直、外部强加磁场等，由于建立的物理模型的边界与磁源相距较远，在转轴中心线处，磁力线也水平通过，因而选用磁力线平行的边界条件，所加边界如图 2 - 33 所示。

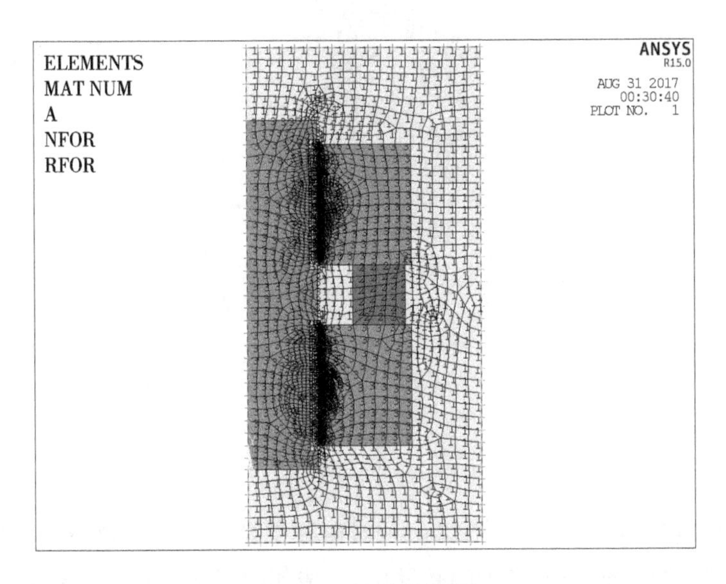


图 2 - 33　边界条件的施加

### 2.3.2.2　磁场模拟的计算结果

求解后，通过 Ansys 磁场分析的后处理，我们可得出磁力线分布情况、磁通密度矢量图以及节点磁通密度云图等图像结果，也可得到磁场强度的数值解。密封间隙内的磁场强度直接影响到磁流体密封结构的耐压能力。运用间隙内磁场强度的数值解，可以由理论研究得到的耐压公式计算出磁流体密封结构静密封液体的理论耐压能力。

(1)磁力线分布情况。

从磁力线在磁流体密封结构模型中的分布情况，可以直观地看出磁力线密度的大小。对磁力线分布情况分析以后，可进行评估磁流体密封结构设计的合理性。因此，对磁流体密封结构中磁力线分布的研究具有重要意义。模拟得到的密封间隙高度为 0.05 mm 的磁流体密封结构内磁力线的分布情况如图 2 - 34 所示。

从图中可以看出，由于空气的相对磁导率很小，在磁流体密封结构中，磁力线在空气中的密度很小。导磁轴、极靴以及永磁体中的磁力线的密度较大，分布

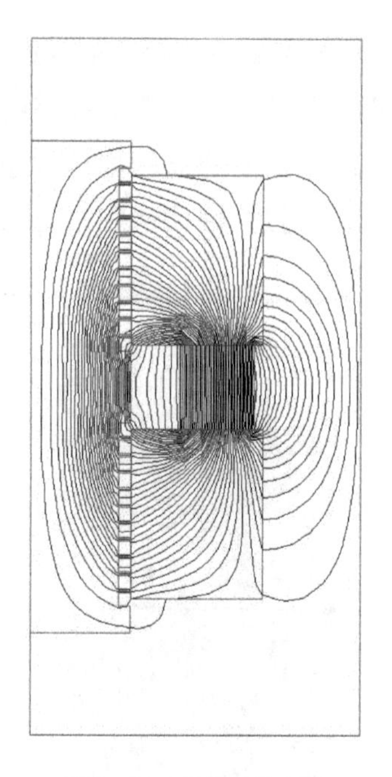

图 2 - 34　磁力线分布图

情况较为均匀。

由于极靴和转轴的材料 2Cr13 的相对磁导率较大,故磁力线从永磁体出发,主要经由极靴进入到开有极齿的转轴中,形成闭合的磁回路。极齿中的磁力线的分布非常集中,而且绝大多数的磁力线要从极齿中通过。磁力线在极齿位置的分布较为均匀,说明每个极靴对应 10 个极齿是合理的,并没有因为极靴轴向长度长而使得磁力线分布不均匀。根据磁流体耐压理论,磁流体密封装置的耐压能力与极齿下的磁场强度的梯度成正比。磁流体密封的设计中,极齿设置的作用就是为了磁力线的积聚,加大磁场的梯度差,从而使磁流体密封得到更大的密封耐压能力。除 0.05 mm 的密封间隙高度以外,其他间隙的磁流体密封结构模型中的磁力线分布图均得到了类似的模拟结果。从磁力线的分布情况来看,本书所设计的磁流体的密封结构是合理的。

(2)磁通密度矢量图。

通过磁通密度矢量图可以清楚地看出磁力线的方向,磁场强度和磁通密度的大小。密封间隙高度为 0.05 mm 的磁流体密封结构模型中的磁通密度矢量图如图 2 - 35 所示。

图中箭头方向代表了磁场的方向,颜色代表了磁场强度的大小。其中红色为磁场强度较强,蓝色为磁场强度较弱。从图中可以看出,极齿中的磁通密度最

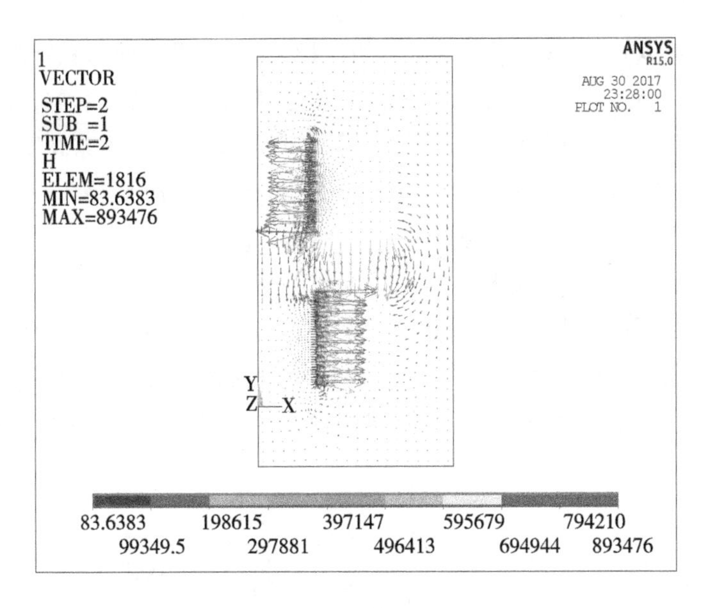


图 2－35　磁通密度矢量图

大，且分布较均匀，两侧极靴内的磁场方向相反，形成了闭合的磁路，验证了本书中磁流体密封设计的合理性。除 0.05 mm 的密封间隙高度以外，其他间隙的磁流体密封结构模型中的磁通密度矢量图均得到了类似的模拟结果。

（3）节点磁通密度云图。

从节点磁通密度云图上可以较直观地看出磁通密度的大小。密封间隙高度为 0.05 mm 的磁流体密封结构模型中的节点磁通密度云图如图 2－36 所示。

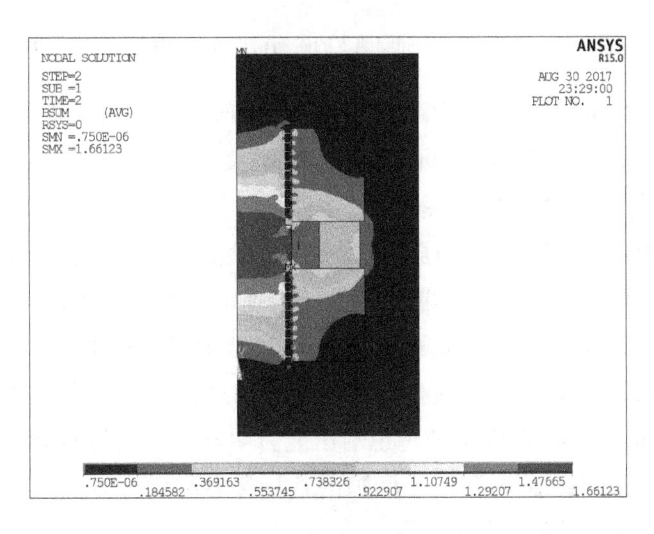


图 2－36　节点磁通密度云图

从图中可以看出,极齿部位的磁场强度最大,每个极齿处的磁场强度基本相同,分布均匀。磁流体所受的吸引力很大,其主要吸附在极齿部位,形成“O”形密封圈。齿槽部位的磁场强度小很多。除0.05 mm的密封间隙高度以外,其他间隙的磁流体密封结构模型中的节点磁通密度云图均得到了类似的模拟结果。模拟结果和理论分析一致,表明了结构设计的合理性。

(4)磁通密度分布曲线图。

根据2.1的磁流体密封耐压能力计算公式,要想获得耐压能力理论值,需要得到密封间隙内的磁通密度,因此数值计算间隙内磁通密度的分布是必要的一环。各密封间隙高度的磁流体密封结构模型中的磁通密度分布如图2-37所示。

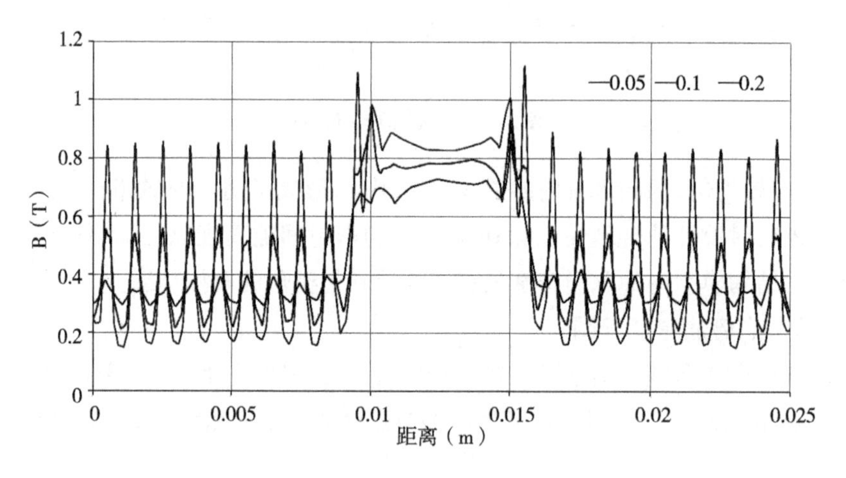


图2-37 不同间隙下的磁通密度分布曲线图

从图2-37可以看出,各间隙下极齿的齿尖部位的磁通密度最高;齿槽部位的磁通密度最低。磁通密度随间隙减小逐渐增大。0.05 mm小间隙下的磁通密度明显大于其他两间隙的磁通密度。

由各间隙下的磁通密度数据可得到各极齿处的最大磁通密度和最小磁通密度之差,将所得结果代入磁流体静密封液体的理论耐压能力公式(2-38)可计算出各间隙下磁流体静密封液体的理论耐压能力,如图2-38所示。

从图2-38可以看出,磁流体静密封液体的理论耐压能力随密封间隙的增大逐渐减小,0.05 mm间隙下的理论耐压能力明显高于其他两个间隙的理论耐压能力。从磁场仿真结果可知,小间隙的直接接触型磁流体密封结构可明显提高磁流体密封液体的耐压能力。

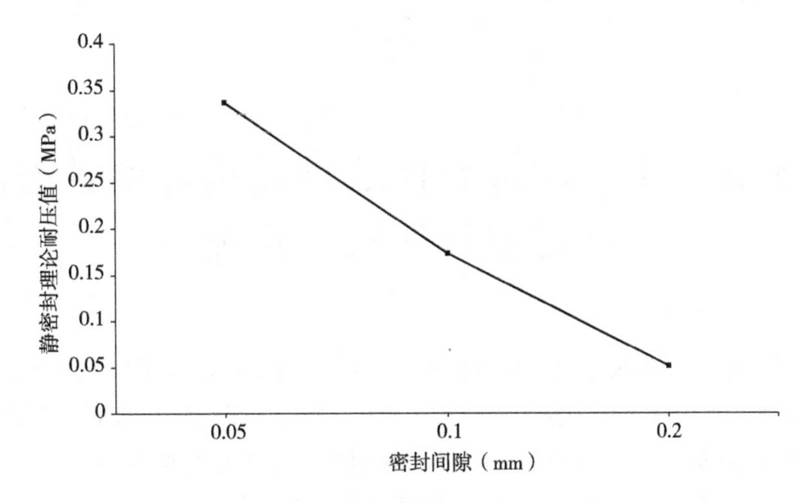


图2-38 不同间隙下磁流体静密封液体的理论耐压能力

## 2.4 本章小结

本章研究了直接接触型磁流体密封液体的相关理论，设计了两种用于密封液体的直接接触型磁流体密封结构，并对该结构中磁流体与被密封液体的两相流及密封间隙内的磁场强度进行了数值研究。具体如下：

①研究了被密封液体和磁流体的速度分布，其运动速度均在半径 $r$ 的定义域内随 $r$ 的增大非线性减小。研究了磁流体与被密封液体界面的 Kelvin-Helmholtz 不稳定性。研究得到一般情况下的磁流体密封耐压公式，并在此基础上，考虑了转轴转速对用于密封液体时直接接触型磁流体密封耐压能力的影响，对磁流体耐压公式进行了修正；考虑了转轴转速和被密封液体压力对直接接触型磁流体密封寿命的影响，研究了密封寿命与上述两影响因素的函数关系。

②设计了两种直接接触型磁流体密封结构。合理选择了磁流体密封的结构参数和材料，完成了永磁体、极靴、转轴、外壳、密封腔、挡板等直接接触型磁流体密封结构的主要密封部件的设计。

③对磁流体与被密封液体的两相流进行了计算流体动力学研究，得到了磁流体与被密封液体界面破坏过程中的相分布和速度分布。对磁流体密封结构中不同密封间隙内的磁场进行了仿真分析，得到了小间隙内的磁场强度较强且其静密封液体的最大理论耐压能力较强。

# 第3章　用于密封液体的直接接触型磁流体旋转密封的实验研究

本章对磁流体与被密封液体直接接触情况下的磁流体密封结构进行了实验研究。实验中,均以水作为被密封液体。首先,进行了磁流体与水的界面稳定性实验;其次,在第2章设计的两种直接接触型磁流体密封结构方案的基础上,搭建了直接接触型磁流体密封实验台,并通过实验对两种方案下的磁流体密封液体的性能进行了对比研究。

## 3.1　磁流体与水界面稳定性实验

由第2章的理论研究可知,速度差是影响磁流体与被密封液体的界面稳定性的重要因素。为了验证以上理论分析,本节设计了磁流体与水的界面稳定性实验台。通过实验,分析了磁流体密封液体的破坏机理。

### 3.1.1　实验装置

磁流体与水的界面稳定性实验台如图3－1所示。实验台由电机、调速器和液体容器组成。

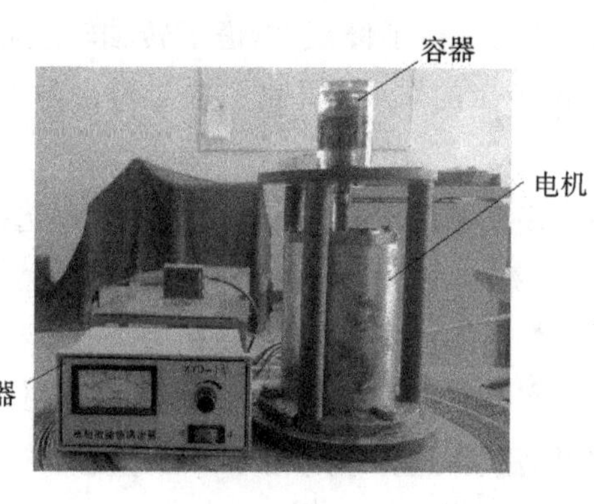


图3－1　磁流体与水界面稳定性实验装置

安装前的液体容器如图 3 - 2 所示,与转轴固定的套筒和容器外壳保持较小间隙。容器安装好后在其下部和间隙内充满磁流体,上部注入被密封液体水,两种流体的界面处于套筒外圆柱面和容器外壳内表面的间隙的上沿处。实验时,由调速器控制的电机带动转轴旋转,磁流体与水也随之运动,可通过透明的容器外壳观察磁流体与水的界面变化。

图 3 - 2　安装前的液体容器

### 3.1.2　实验过程

安装好实验装置后,将磁流体和水先后注入液体容器内。利用调速器调出不同的转轴转速,并保持转轴转速不变,观察狭小间隙内水和磁流体界面的变化,持续运行 4 小时,观察界面是否被破坏。如果界面在 4 小时内被破坏,则及时结束该转轴转速的实验,并记录稳定运行的时间;如果持续观察 4 小时后界面仍然未被破坏,则结束该转轴转速的实验,将转轴转速提高 50 r/min,并重复以上的实验步骤。

### 3.1.3　结果分析和讨论

当转轴转速低于 550 r/min(线速度 1 m/s)时,实验台连续运行 4 小时后,水和磁流体接触的界面均没有明显的变化,此时界面还处于相对稳定的状态,磁流体与水不互溶,如图 3 - 3(a)所示;当转轴转速为 600 r/min(线速度 1.1 m/s)时,实验台连续运行 96 min 后,有少许磁流体进入到水中,如图 3 - 3(b)所示,此时界面已经处于不稳定状态;在其后 20 min 内水和磁流体明显混合在一起,如图 3 - 3(c)所示。实验结果即为该转轴转速下的稳定运行时间是 96 min。

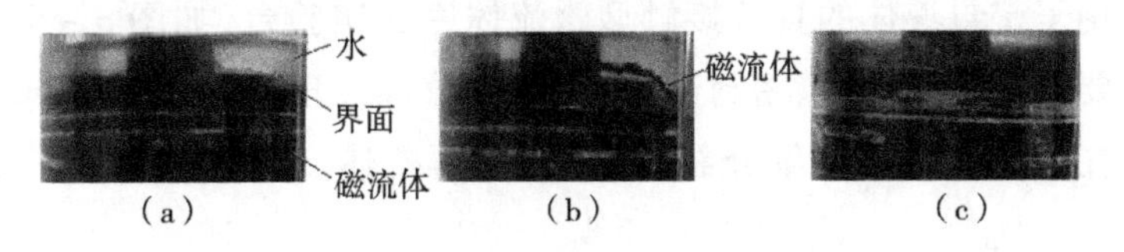


图 3 - 3　磁流体与水界面的破坏过程

转轴转速高于600 r/min(线速度1.1 m/s)时,实验结果与转轴转速为600 r/min时的结果类似,均出现了磁流体与水的界面被破坏的情况。随着转轴转速的不断升高,界面保持稳定状态的时间越来越短,如图3-4所示。

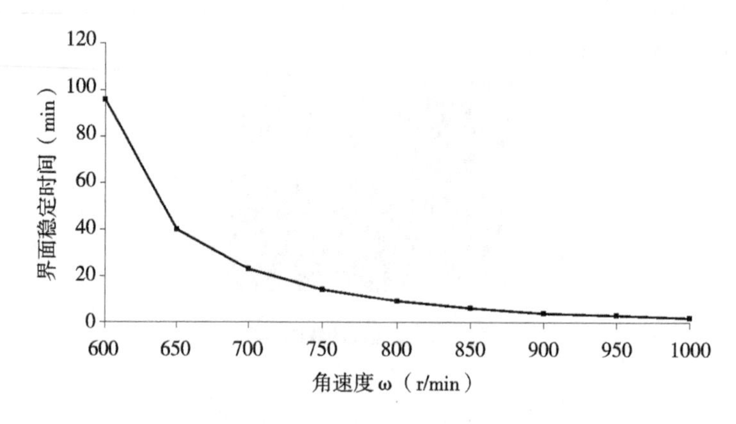


图3-4　界面稳定时间随转轴转速变化

通过本实验,可以分析磁流体密封液体的破坏机理,即磁流体与被密封液体在其界面处存在速度差,速度差导致了界面的不稳定性。当转轴转速升高到某临界值后,随着转轴的持续旋转,两种流体相互掺杂,其界面稳定性被破坏,起密封作用的磁流体逐渐减少甚至消失,最终导致密封失效。转轴转速越高,界面保持稳定的时间越短。需要指出的是,此实验台没有安装永久磁铁及加压装置,故不能很好地模拟磁流体密封液体的环境。然而,该实验很好地验证了本书中界面稳定性的理论研究结果和两相流的计算流体动力学模拟结果,并为本章后续的直接接触型磁流体密封结构密封液体的实验研究奠定了基础。

## 3.2　直接接触型磁流体旋转密封实验台的搭建

为了测试两种方案下直接接触型磁流体密封结构的密封性能的影响,本节搭建了用于密封液体的直接接触型磁流体密封实验台,如图3-5所示。该实验台主要包括支撑部分、密封部分、动力部分和冲压检测等四个部分。其中密封部分在2.2已做了详细介绍,这里就不再赘述。下面对另外三部分逐一介绍:

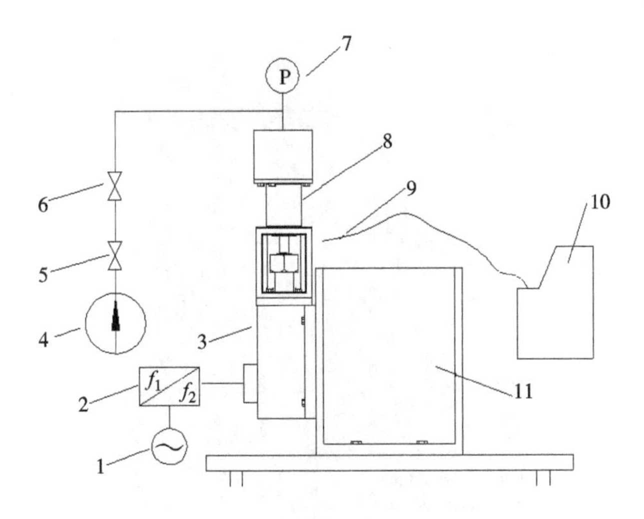


(a)实验台示意图

1—电源　2—变频调速器　3—电机　4—气源

5—开关阀　6—减压阀　7—气压表　8—密封单元　9—吸枪　10—检漏仪　11—支撑背板

(b)实验台实物图

1—密封单元　2—支架　3—电机　4—变频调速器　5—气源

图 3 -5　直接接触型磁流体密封实验台

### 3.2.1　支撑部分

为了实验台的装拆方便及密封部件的平稳运转,本书设计了支撑部分。如图 3 -6 所示,电机底座与竖直放置的支撑背板用螺栓连接,这样可保证密封结构的直立放置。为了确保实验台运行平稳,底板用 30 mm 厚的钢板制成。

图3-6　支撑部分实物图

### 3.2.2　动力部分

为了使转轴能够达到较高转速，本实验台选用意大利 ELTE 高速电机。电机通过变频调速器实现无级变速，其参数如表3-1所示。

表3-1　电动机参数

| 电机型号 | TMPE2 9/2 |
| --- | --- |
| 电压 | 220/380 V |
| 频率 | 300 Hz |
| 电流 | 3.70/2.1 A |
| 功率 | 0.75 kW |
| 转速 | 18000 r/min |

转轴与电机输出端刚性连接，密封件外壳下端内壁与电机输出端外壳无间隙配合，以保证密封装置中轴与极靴较高的同轴对中能力，能较好地满足转轴与极靴之间的小间隙要求，尽量减小磁流体与被密封液体的接触面积，增强界面的稳定性。

### 3.2.3　测量部分

这部分主要包括的仪器仪表有氦质谱检漏仪、压力表、连接管路、降压阀、截止阀等，下面分别介绍：

(1)氦质谱检漏仪。

氦质谱检漏仪是依据质谱分析原理,以氦作为示踪气体,来对真空设备及密封器件的漏隙情况进行定位或者定量、定性测量的系统。由于电子对气体轰击会产生出带电粒子,这些带电粒子在电场作用下会得到能量并做加速运动,而在磁场作用下做圆周运动,质荷比不同的离子因其运动半径不同而实现分离。一般的检漏法分为真空检漏法(喷枪法)和吸枪检漏法(过压法)。喷枪法是在真空零部件及系统检漏时,被检对象连接到检漏仪内部抽真空,用氦气喷枪对被检件可疑部位喷吹,或将被检件用充满一定压强氦气的容器罩住,示踪氦气通过漏点泄漏被检测。过压法可对漏点进行定位,被检件抽真空后充入过压氦气,氦气通过漏点泄出,被吸枪吸入,由此确定漏点的位置及大小。本次实验采用中国科学院科学仪器厂生产的 ZQJ-230E 型氦质谱检漏仪进行检漏。

ZQJ-230E 型氦质谱检漏仪真空度可达 $5 \times 10^{-3}$ Pa,最小测量漏率可达 $10^{-10}$ Pa · $m^3/s$,响应时间小于 5 s。

(2)其他测量仪器和设备。

本次实验所用压力表量程为 0.5 MPa,最小刻度为 0.01 MPa。给实验空间充气时还要用到减压阀及截止阀。

## 3.3 直接接触型磁流体旋转密封的实验研究

本节在已搭建好的直接接触型磁流体密封实验台上就 2.2 中的两种方案进行磁流体密封液体介质的密封性能实验。通过实验,研究不同因素对直接接触型磁流体密封性能的影响,并对两种方案下的磁流体密封性能进行对比。

### 3.3.1 方案一的实验研究

#### 3.3.1.1 实验过程和方法

(1)耐压能力实验。

实验选取水作为密封介质,在密封间隙内注入机油基磁流体。为了研究密封间隙变小对磁流体密封液体耐压能力的影响,本书对 0.05 mm、0.1 mm 和 0.2 mm等三个密封间隙下的耐压能力进行对比研究,在各间隙高度下进行不同转轴转速的动密封耐压实验。通过变频器调速的电机带动密封结构中的转轴旋转,高压气瓶通过阀门向密封腔加压,压力表检测密封腔内压力值。用氦质谱检漏仪更加精确地检测气体泄漏。

实验时,在电机转动前将水注入密封腔内至容积的一半,转轴达到一定转速运转 5 min 后,使用高压气瓶每隔 2 min 给密封腔加压 0.01 MPa,直到氦质谱检漏仪检测到泄漏并记录当时压力表上显示的压力值,该值即为其耐压能力。

(2)密封寿命实验

在静密封耐压值范围内选取特定的压力值作为磁流体密封上端施加的水压,进行磁流体水密封寿命实验。现定义 $K$ 为水压与磁流体静密封耐压值的比例系数:

$$K = P/P_c \tag{3-1}$$

由于实验中密封腔内水的高度很小,故可将高压气瓶向密封腔内施加的压力近似认为界面处的水压。为了研究密封间隙变小对磁流体密封液体寿命的影响,本书分别对 0.05 mm、0.1 mm 和 0.2 mm 三个间隙的直接接触型磁流体密封结构密封液体的寿命进行实验研究,利用变频器调速使转轴达到一定转速,通过高压气瓶向密封腔加压到设定值,开始计时,密封泄漏时结束计时,得到某一水压、转轴转速、间隙组合下的磁流体密封水的寿命。

#### 3.3.1.2 结果分析与讨论

(1)转轴转速对密封性能的影响。

①转轴转速对耐压能力的影响。

图 3-7 为实验测得的磁流体密封液体的耐压能力与转轴转速间的关系图。实验数据表明,各间隙下磁流体密封液体的实验耐压值均随转轴转速的增加逐步降低。转轴转速从 1000 r/min(线速度 0.628 m/s)到 3000 r/min(线速度 1.884 m/s)时,实验耐压值迅速下降;转轴转速高于 4000 r/min(线速度 2.512 m/s)后实验耐压值很低。

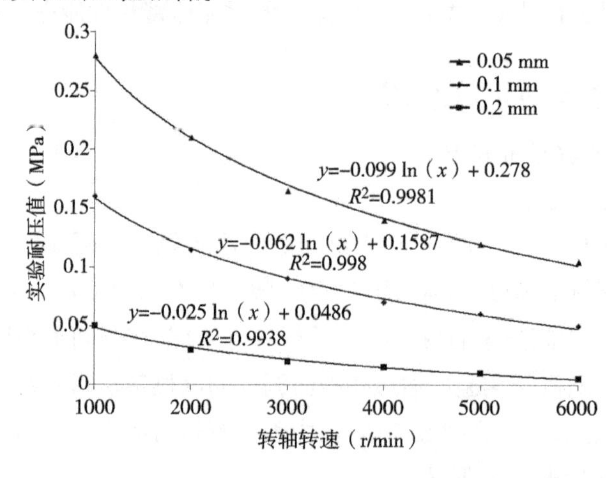


图 3-7 耐压值随转轴转速的变化

第 2 章理论分析表明,磁流体与被密封液体的速度差是影响其界面稳定性的重要因素。由速度差引起的液体间的摩擦导致磁流体的量逐渐减少,当磁流体的量减少到无法抵抗施加的压力时,水穿过磁流体密封,导致密封失效。由式(2－27)可知,磁流体与被密封液体界面上的最大速度差随转轴转速的提高线性增大。随着转轴转速的提高,磁流体与被密封液体界面的 Kelvin－Helmholtz 不稳定性逐渐增长,致使磁流体密封的耐压值不断降低。

参考已有文献将实验数据拟合为对数函数,得到各间隙下磁流体密封液体的耐压能力与转轴转速之间的函数关系,如表 3－2 所示。各函数的图像如图 3－7所示。利用得到的函数关系,可以粗略地估算出各间隙下某转轴转速所对应的耐压能力,从而可对工程应用中解决实际问题有所帮助。

**表 3－2　耐压能力与转轴转速之间的函数关系**

| 密封间隙 $h$(mm) | 函数关系 |
|---|---|
| 0.05 | $\Delta p = -0.099\ \ln\omega + 0.278$ |
| 0.1 | $\Delta p = -0.062\ \ln\omega + 0.1587$ |
| 0.2 | $\Delta p = -0.025\ \ln\omega + 0.0486$ |

②转轴转速对密封寿命的影响。

密封寿命实验中选取的比例系数 $K$ 分别为 0.8、0.5、0.3,实验内容是各密封间隙、转轴转速下的密封寿命。以 0.05 mm 密封间隙为例,实验得到的转轴转速与密封寿命间的关系如图 3－8 所示。

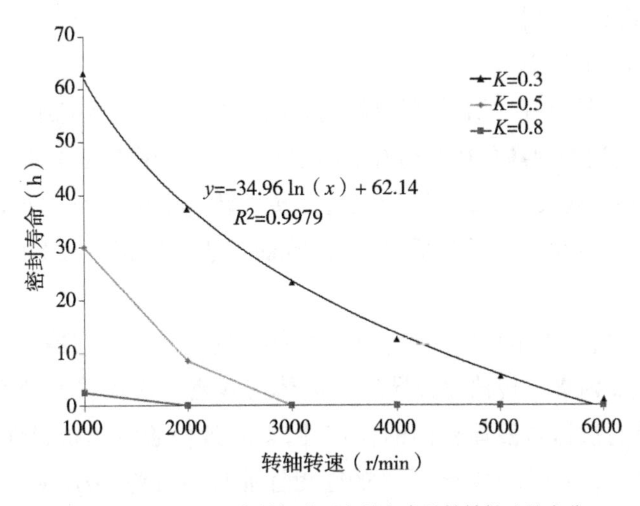


图 3－8　0.05 mm 密封间隙下密封寿命随转轴转速的变化

从图 3-8 可以看出，各水压下磁流体对水的密封寿命均随转轴转速的增加而逐渐降低。当转轴转速增加时，液体之间的速度差随之增大，Kelvin-Helmholtz 不稳定性更加显著，摩擦加剧使磁流体量的减少速度加快，导致密封寿命减小。转轴转速在 3000 r/min 以内时，密封寿命下降很快，转轴转速在 3000 r/min以上时，密封寿命下降缓慢。在 0.05 mm 密封间隙下所有的密封寿命实验中，$K$ 为 0.3 时转轴转速 1000 r/min 下的密封寿命最高，为 78 小时，其余实验结果均在 40 小时以下，密封寿命很低，且转轴转速在 5000 r/min（线速度 3.14 m/s）以上时的密封寿命几乎为零或等于零。$K$ 为 0.8 和 0.5 时各转轴转速下的密封寿命与 $K$ 为 0.3 时相比更低。当 $K$ 取值 0.8 时，施加的水压值均大于除 1000 r/min 外的其他各转轴转速下的耐压值，故施加此水压后，除 1000 r/min 外其他转轴转速下的磁流体密封在达到水压值前就已失效，不能正常工作，密封寿命均为零。$K$ 等于 0.5 时转轴转速 3000 r/min 以上实验结果也有同样的情况。以上为 0.05 mm 密封间隙的寿命实验结果，0.1 mm、0.2 mm 密封间隙下的寿命实验也有类似结果。从各种水压和转轴转速下的密封寿命实验结果可以看出，转轴转速对磁流体动密封液体的密封寿命有重要影响。

下面对密封寿命实验数据进行拟合。由于 $K$ 等于 0.8 和 0.5 时多数转轴转速下的密封寿命均为零，对其进行曲线拟合意义不大，故现只对 $K$ 等于 0.3 时的转轴转速与密封寿命数据进行拟合，拟合后的 $K$ 等于 0.3 时的磁流体密封液体的密封寿命与转轴转速之间的函数关系为：

$$T = -34.96\ \ln\omega + 62.14 \tag{3-2}$$

式中 $T$——密封寿命；

$\omega$——转轴转速。

函数图像如图 3-8 所示。利用得到的函数关系，可以粗略地预测出 $K$ 等于 0.3 时某转轴转速所对应的密封寿命，从而可对工程应用中解决实际问题提供有益的参考。另外，从式（3-2）可以看出，当转轴转速下降到非常低时，可得到较高的密封寿命。实际的工程应用中，可将转轴转速保持相对较低的水平以确保所需的密封寿命。

综上所述，当磁流体与被密封液体直接接触时，转轴转速是影响磁流体密封液体性能的重要因素。转轴旋转导致磁流体与被密封液体界面处产生速度差，影响到磁流体与被密封液体界面的稳定性，最终致使磁流体密封性能下降。除转轴转速很低外，磁流体动密封液体的密封性能普遍较差，磁流体密封结构很难正常工作较长时间不发生泄漏。

(2)密封间隙对密封性能的影响。

①密封间隙对耐压能力的影响。

图 3 -9 为实验测得的磁流体密封液体时密封间隙与密封耐压间的关系图。实验数据表明,各个转轴转速下磁流体密封液体的耐压值均随密封间隙的增大逐渐降低。0.05 mm 间隙下的耐压值明显高于其他间隙的耐压值。

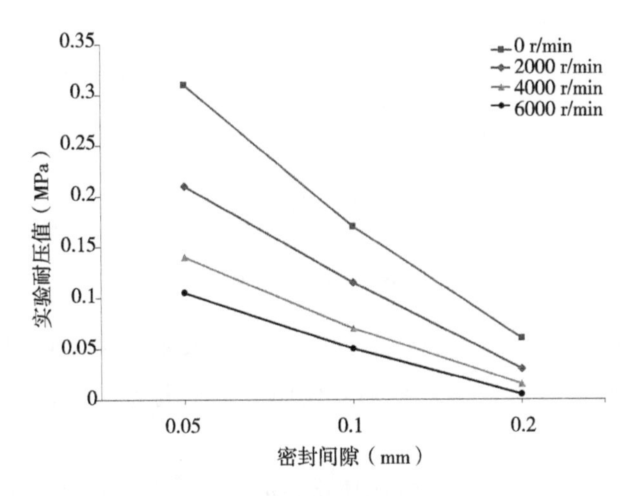


图 3 -9　密封间隙与耐压能力的关系

磁流体静密封液体时,液—液界面上不存在相对运动,故不存在速度差,密封间隙对密封耐压能力的影响主要是由改变密封间隙高度致使间隙内的磁场强度的变化引起的,减小密封间隙可使间隙内磁场强度增大,进而使磁流体密封的耐压能力提高。在磁流体动密封液体时,由 2.1.4 的理论分析可知,密封间隙的大小除了对间隙内磁场强度有影响外,还与两种液体的接触面积成正比,减小密封间隙可使磁流体与被密封液体的接触面积变小,使其界面稳定性增强,进而提高磁流体对液体的密封性能。由以上分析可得,本书设计的小间隙的直接接触型磁流体密封结构可较明显地提高磁流体密封结构密封液体的耐压能力。

②密封间隙对密封寿命的影响。

由于间隙较大时磁流体密封液体结构的耐压值较低,故在不同间隙的密封寿命实验中选取的水压为最大间隙 0.2 mm 下 $K$ 等于0.8时的压力值,约为 0.04 MPa,实验得到的密封间隙与密封寿命间的关系如图 3 -10 所示。

从图 3 -10 可以看出,各个转轴转速下磁流体密封液体的密封寿命均随密封间隙的增大逐渐降低。0.05 mm 小间隙密封结构与 0.1 mm 间隙密封结构相比,在转轴转速为 2000 r/min(线速度 1.256 m/s)时,密封寿命提高超过 2 倍;在

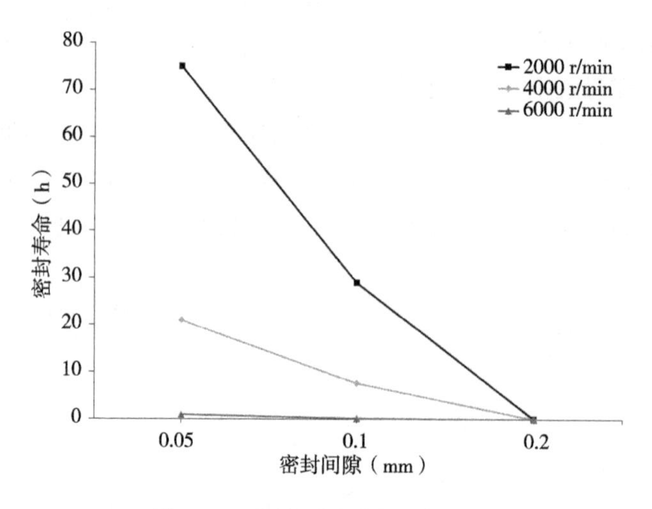


图 3－10　密封间隙与密封寿命的关系

转轴转速为 4000 r/min 时，密封寿命提高约 2 倍。实验结果表明，本书设计的小间隙的直接接触型磁流体密封结构可较明显地提高磁流体密封液体的密封寿命。

综上所述，密封间隙是影响磁流体密封液体时密封性能的重要影响因素之一。减小密封间隙后磁流体密封液体结构的密封性能有较大提高，耐压能力和密封寿命均有较大改善。然而，减小密封间隙后的密封寿命仍然偏低，较难满足工程应用中的实际需求，故仍然需要对磁流体密封结构进行改进，进一步提高磁流体密封结构的密封性能。

（3）被密封液体压力对密封寿命的影响。

由于在较高转轴转速时磁流体动密封液体的寿命都很短，不容易看出密封寿命的变化情况，故在研究水压对密封寿命影响时选取较低转轴转速 1000 r/min，能更清楚地看出密封寿命随水压的变化趋势。本研究中仍然以0.05 mm密封间隙为例，密封寿命随水压比例系数 $K$ 的变化关系如图 3－11 所示。

从图 3－11 可以看到，当 $K$ 值较低时，密封寿命下降很快，随着 $K$ 值的增加，密封寿命变得很短，曲线的下降趋势变得平缓。实验数据拟合后的曲线如式（3－3）所示：

$$T = -62.97 \ln(P/P_c) + 10.381 \tag{3-3}$$

该公式提供了密封寿命的预测方法，当 $K$ 的值下降到非常低时，可得到较高的密封寿命。实际的工程应用中，被密封液体压力与耐压能力之间的比率可保持相对较低的水平以确保所需的密封寿命。

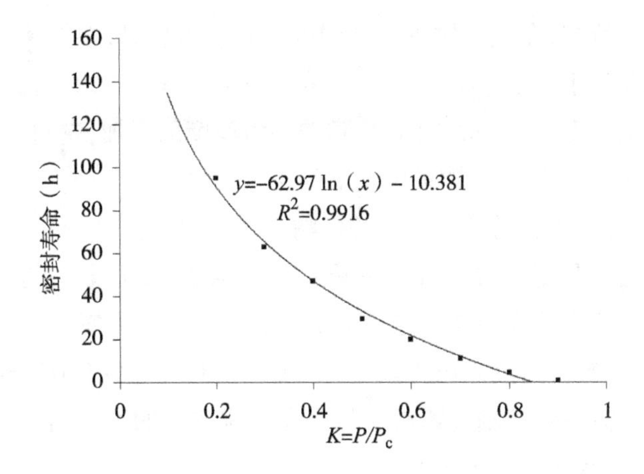


图3-11　1000 r/min下密封寿命与水压比例系数$K$的关系(密封间隙0.05 mm)

## 3.3.2　方案二的实验研究

为了得到更高的密封寿命,在本部分实验中,首先通过实验对不同挡板厚度下的密封寿命进行比较,得到较高密封寿命所对应的挡板厚度,然后在此挡板厚度条件下进行转速对密封寿命的影响实验。

### 3.3.2.1　挡板厚度对密封寿命影响

为了研究方案二中挡板厚度对磁流体密封液体时密封寿命的影响,在方案二的密封寿命实验中加工了1~10 mm多个厚度的挡板。为了较快地得到理想的挡板厚度,在此实验中选取较高的转轴转速5000 r/min,被密封液体压力为0.15 MPa。另外,由方案一的实验结果可知,小间隙可较明显地提高磁流体密封液体的密封性能,故在方案二的实验中选用的密封间隙为0.05 mm。在以上实验条件下得到的不同厚度挡板磁流体密封结构的密封寿命如图3-12所示。

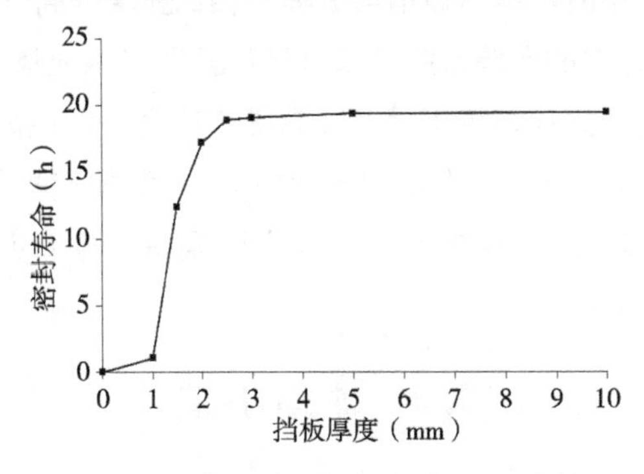


图3-12　挡板厚度对磁流体密封寿命的影响

由图 3－12 可知，在磁流体密封结构内未安装挡板时，在转速和被密封液体压力均较高的情况下，磁流体密封寿命很低，接近于零。添加挡板后，密封寿命明显延长。挡板厚度在 3 mm 以内时，随着挡板厚度的增加，密封寿命逐渐上升；挡板厚度大于 3 mm 时，不同挡板厚度下的密封寿命基本不变。

#### 3.3.2.2 转轴转速对密封寿命的影响

根据上述挡板厚度对密封寿命影响实验的结果，在方案二的转轴转速对密封寿命的影响实验中选择的挡板厚度为 10 mm。为了与方案一的实验结果进行比较，本实验中的被密封液体压力取 0.15 MPa，密封间隙取 0.05 mm。该实验的过程与方法和方案一中转轴转速对密封寿命影响实验的过程与方法相同。实验结果如图 3－13 所示。

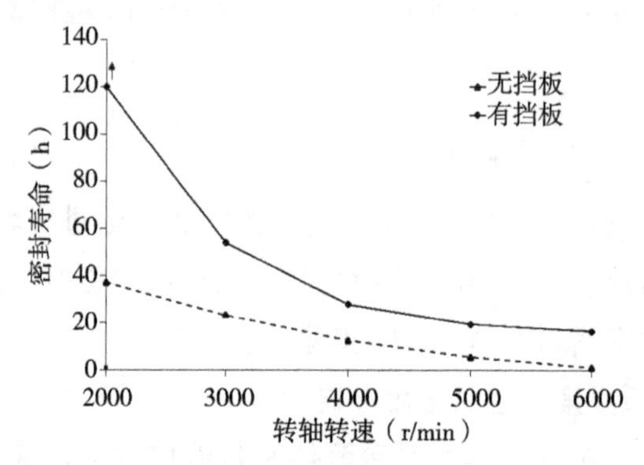


图 3－13　密封寿命随转轴转速的变化（挡板厚度 10 mm）

实验结果表明，在密封结构内添加挡板后，各转速下密封寿命明显延长。当转速为 2000 r/min 时，该结构连续运转 120 小时不泄漏。然而，与方案一类似，方案二的密封寿命随转轴转速升高逐渐降低，当转速超过 5000 r/min 时，该结构的密封寿命低于 20 小时。虽然该值与方案一相比显著提高，但是依然很低。

对比以上两种方案的实验研究结果，可以得到：当磁流体与被密封液体直接接触时，在密封结构内添加挡板可明显提高磁流体密封的性能，尤其在转轴转速较小时，密封效果较好。然而，当转轴转速较高时，添加挡板的密封结构的密封性能虽有提高，但仍然较低，较难满足实际需求，需进行进一步的研究。

## 3.4 本章小结

本章首先进行了磁流体与水界面的稳定性实验，其次，在第 2 章设计的两种直接接触型磁流体密封结构方案的基础上，搭建了直接接触型磁流体密封实验台，并在实验台上就两种方案下的磁流体密封液体的性能进行了实验研究。具体如下：

（1）磁流体与水的界面稳定性实验分析了磁流体与被密封液体的界面上存在的速度差对界面稳定性的影响。当转轴转速升高到某临界值后，磁流体与被密封液体相互掺杂，磁流体与被密封液体的界面稳定性被破坏。转轴转速越高，界面保持稳定的时间越短，验证了理论研究结果。

（2）搭建了直接接触型磁流体密封实验台。该实验台主要包括支撑部分、密封部分、动力部分和冲压检测四个部分。

（3）方案一的实验表明，转轴转速是影响磁流体密封液体性能的重要因素，除转轴转速很低外，磁流体动密封液体的密封性能普遍较差，磁流体密封结构很难正常工作较长时间不发生泄漏。小间隙的直接接触型磁流体密封可较明显地提高磁流体密封液体的耐压能力和密封寿命：与 0.1 mm 间隙密封结构相比，0.05 mm小间隙密封结构在转轴转速为 2000 r/min 时，密封寿命提高超过 2 倍；在转轴转速为 4000 r/min 时，密封寿命提高约 2 倍。当被密封液体压力非常低时，可得到较高的密封寿命。由实验数据分别拟合得到转轴转速与耐压能力关系的公式、转轴转速与密封寿命关系的公式、被密封液体压力与密封寿命关系的公式。这些公式提供了耐压能力和密封寿命的预测方法，对实际的工程应用具有参考价值。

（4）方案二的实验表明，添加挡板后，密封寿命明显延长。挡板厚度在 3 mm 以内时，随着挡板厚度的增加，密封寿命逐渐上升；挡板厚度大于 3 mm 时，不同挡板厚度下的密封寿命基本不变。添加 10 mm 厚度的挡板后，在转轴转速为 2000 r/min 时，密封结构连续工作 120 小时不泄漏。然而，当转轴转速较高时，添加挡板后的密封结构的密封性能虽有提高，但仍然较低。

# 第4章 气体隔离型磁流体旋转密封结构的设计及其理论耐压能力

以上理论和实验研究结果表明，在磁流体与被密封液体直接接触的情况下，虽然方案二与方案一相比密封性能明显提高，但在转轴转速较高时，方案二的密封性能仍然较差。为了进一步提高磁流体密封液体的性能，尤其是转轴转速较高时的密封性能，本章设计添加气体隔离装置的磁流体密封结构，期望运用这种改进的方法从根本上克服因磁流体与被密封液体直接接触所引起的界面不稳定性问题。

## 4.1 气体隔离型磁流体旋转密封模型

为了避免磁流体与被密封液体直接接触所引发的界面不稳定性，在原有磁流体密封的基础上，本章研究气体隔离型磁流体密封。在磁流体与被密封液体之间设置压缩气体腔，利用压缩气体将磁流体与被密封液体隔离开来，使原有的磁流体密封液体介质的问题转化为磁流体密封气体介质的问题。

如图4－1所示，气体隔离型磁流体密封由两部分组成，分别为通气口以下的磁流体密封部分和通气口以上的压缩气体密封被密封液体部分。磁流体与被密封液体之间的压缩气体腔通过通气口与高压气源相连。首先，压缩气体通过通气口充入密封结构内，其后被密封液体注入密封腔。压缩气体腔的气压小于磁流体密封端的耐压能力且与被密封液体端的压力相平衡，故压缩气体将被密封液体阻挡在密封结构外壳和转轴间狭小的压缩气体通道上方，从而避免了磁流体与被密封液体的直接接触。磁流体通过密封与之接触的压缩气体来达到密封压缩气体上端的被密封液体的目的。

## 4.2 气体隔离型磁流体旋转密封结构的理论耐压能力

以压缩气体和被密封液体界面为研究对象，如图4－2所示，界面上存在表面张力，使界面处于平衡状态。

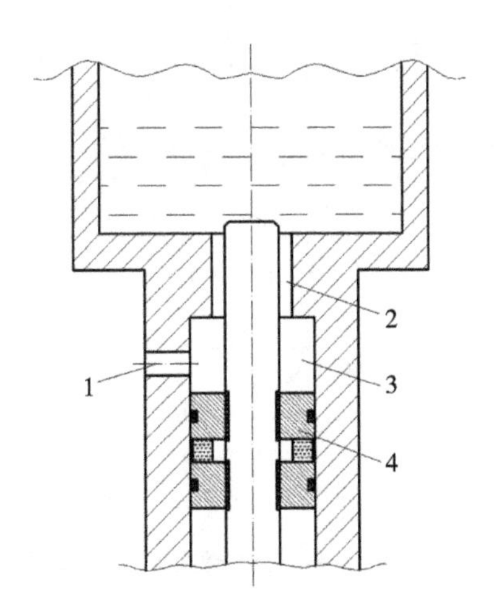


图4－1　气体隔离型磁流体密封模型
1—通气口　2—压缩气体通道　3—压缩气体腔　4—磁流体密封

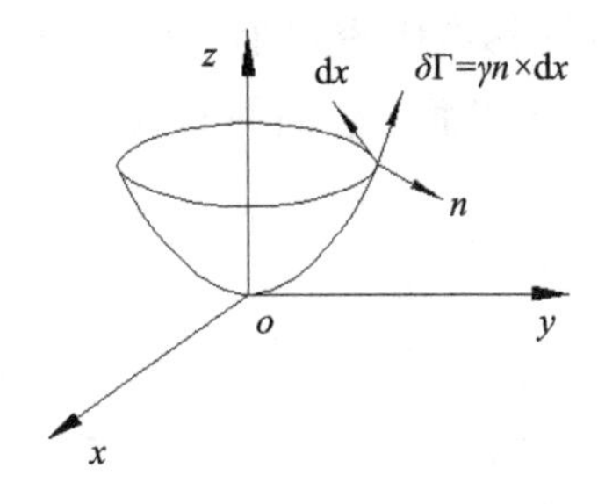


图4－2　表面张力示意图

由相关文献可得气泡界面凹面一侧与凸面一侧的压强差 $\Delta p_\Gamma$ 为：

$$\Delta p_\Gamma = p_- - p_+ = \sigma\left(\frac{1}{R_1}+\frac{1}{R_2}\right) \tag{4-1}$$

式中　$p_+$——界面凸面一侧的压强；

$p_-$——界面凹面一侧的压强；

$R_1$、$R_2$——$x-z$、$y-z$ 平面内曲线的曲率半径。

由式(4－1)可知，球形气泡内外存在压差，当气泡处于平衡状态时，气泡内的压强大于气泡外的液体压强，且气泡越小，内外的压差越大。

现选取压缩气体与被密封液体的界面上某点为研究对象，设该点处界面下表面的压强为 $C_1$，该点处界面上表面的压强为 $C_2$，如图4－3所示。

对于界面下表面的该点：

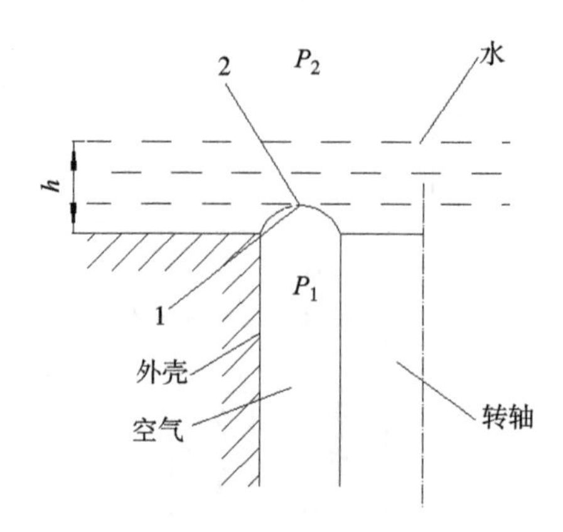


图 4-3 压缩气体与被密封液体的界面处压强

$$C_1 = P_1 \tag{4-2}$$

式中 $P_1$——压缩气体的压强。

由于转轴直径相对于被密封液体腔较小，故忽略转轴旋转引起的速度场对被密封液体压力场的影响，对于界面上表面的该点：

$$C_2 = P_2 + \rho gh \tag{4-3}$$

式中 $P_2$——被密封液体上方的压强；

$\rho$——被密封液体的密度；

$h$——被密封液体的高度。

将式(4-2)和式(4-3)代入式(4-1)可得：

$$\Delta p_\Gamma = C_1 - C_2 = P_1 - (P_2 + \rho gh) = \sigma\left(\frac{1}{R_1} + \frac{1}{R_2}\right) \tag{4-4}$$

化解式(4-4)，得到：

$$P_1 - P_2 = \sigma\left(\frac{1}{R_1} + \frac{1}{R_2}\right) + \rho gh \tag{4-5}$$

现结合实际应用情况对式(4-5)中等号右边的值进行估算。设气体隔离型磁流体密封结构中压缩气体通道的间隙为 0.1 mm，且式(4-5)中的 $R_1$、$R_2$ 与之近似相等；本书中的被密封液体为水，水与空气的表面张力系数 $\gamma$ 约为 72 mN/m；水的密度 $\rho$ 为 $10^3$ kg/m$^3$；被密封液体水的高度 $h$ 约为 0.05 m。将以上参数代入式(4-5)，可以得到表面张力产生的压强差为：

$$\Delta p_\Gamma = \sigma\left(\frac{1}{R_1} + \frac{1}{R_2}\right) < 2 \times 10^3 \text{ Pa}$$

被密封液体产生的压强为：

$$\rho gh \approx 5 \times 10^2 \text{ Pa}$$

$$P_1 - P_2 = \sigma\left(\frac{1}{R_1} + \frac{1}{R_2}\right) + \rho gh < 2.5 \times 10^3 \text{ Pa}$$

由于本书设计的磁流体密封的耐压值约为 $3 \times 10^5$ Pa，超出表面张力产生的压强差和被密封液体产生的压强两个数量级，故表面张力产生的压强差和被密封液体产生的压强可忽略不计，即：

$$P_1 \approx P_2 \tag{4-6}$$

由式(4－6)可知，气体隔离型磁流体密封结构内压缩气体的气压和被密封液体端的压力近似相等，故该结构密封液体介质的耐压能力近似等于磁流体密封气体介质的耐压能力，即：

$$\Delta p \approx \Delta p_{\max} = NM_s(B_{\max} - B_{\min}) \tag{4-7}$$

## 4.3　气体隔离型磁流体旋转密封结构的设计

### 4.3.1　总体结构设计

在原有磁流体密封的基础上，本书增加了气体隔离装置，通过气体隔离装置将磁流体与被密封液体隔离开来，使原磁流体密封液体介质的问题转化为磁流体密封气体介质的问题。气体隔离型磁流体密封结构的总体结构如图 4－4 所示。

如图 4－4 所示，改进后的磁流体密封液体结构增加了通气口和通气环两部分。磁流体与被密封液体之间的空间内充满压缩气体。压缩气体通过通气口与高压气源相连，其气压小于磁流体密封端的耐压能力且与被密封液体端的压力相等。由于压缩气体与被密封液体的界面存在表面张力，当密封结构外壳与转轴之间的间隙较小时，可在该间隙上端形成稳定的气泡，阻挡上方被密封液体下流，从而避免了磁流体与被密封液体的直接接触。改进后的磁流体密封结构去除外壳和密封腔后内部结构如图 4－5 所示。

### 4.3.2　通气环的设计

为了用压缩气体将磁流体与被密封液体隔离开来，本书在气体隔离型磁流体密封结构中设计了通气环。通气环为压缩气体提供了存在的腔体，另外，通气环中设计了与进气口相通的压缩气体的通路。通气环的外径与密封件外壳的内

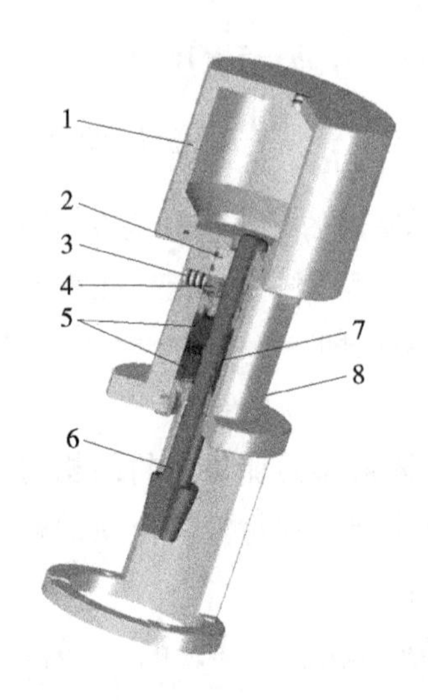


图 4-4　气体隔离型磁流体密封结构

1—密封腔　2—隔水环　3—通气孔　4—通气环　5—极靴　6—转轴　7—永磁体　8—外壳

图 4-5　气体隔离型磁流体密封内部结构

1—转轴　2—轴承　3—极靴　4—永磁体　5—通气环　6—气液隔离环

径相匹配，为 28 mm，内径为 16 mm。为了使压缩气体从进气口更加均匀地进入气腔，在通气环外圆柱面上设计一个宽度为 4 mm、深度为 1.5 mm 的环形槽。通气环结构如图 4-6 所示。

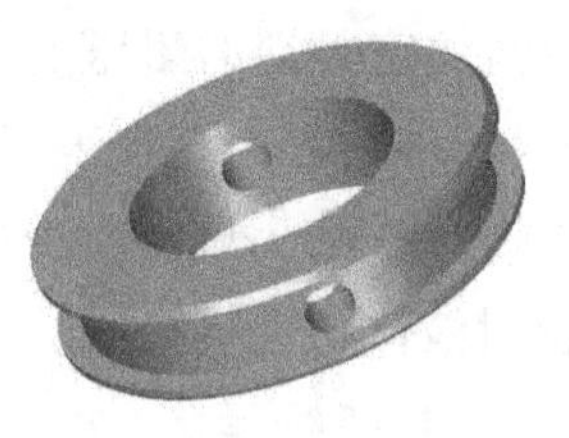

图 4-6　通气环的结构图

### 4.3.3　隔水环的设计

隔水环设置在通气环上方，其与外壳用橡胶圈静密封。隔水环与转轴之间保持较小间隙,该间隙与充气环的气腔相连,充满压缩气体。压缩气体将被密封液体阻挡在隔水环和转轴之间的狭小间隙以外,达到阻止磁流体与被密封液体直接接触的目的。隔水环的结构如图 4 - 7 所示。

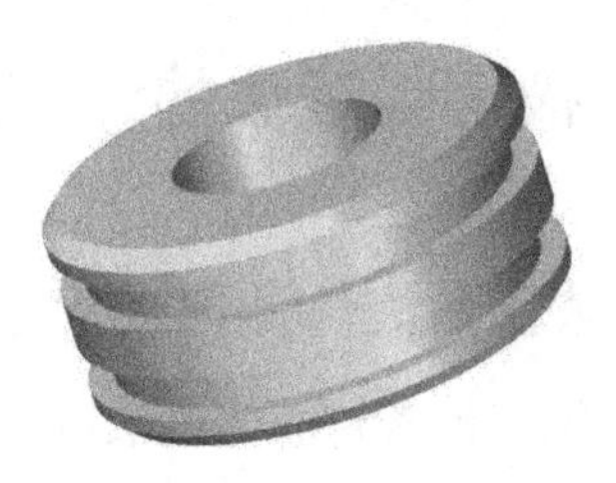

图 4 - 7　隔水环的结构图

隔水环的外径与密封结构外壳的内径相匹配,设计为 28 mm;内径为转轴直径与双边间隙之和。为了分析隔水环与转轴之间间隙对气体隔离型磁流体密封结构密封性能的影响,该间隙设置为变量,设计为 0.1 mm 的整数倍,因此,该间隙的两倍与转轴直径 12 mm 相加得到的隔水环内径也为变量,最小为 12.2 mm。隔水环环上开有两个宽度为 2.5 mm,深度为 1.5 mm 的环形槽,用于隔水环与密封结构外壳的橡胶圈静密封。

### 4.3.4　外壳的设计

气体隔离型磁流体密封结构中的外壳是在直接接触型磁流体密封结构的外壳的基础上增加通气口和液体观测口改进而成的,其结构如图 4 - 8 所示。

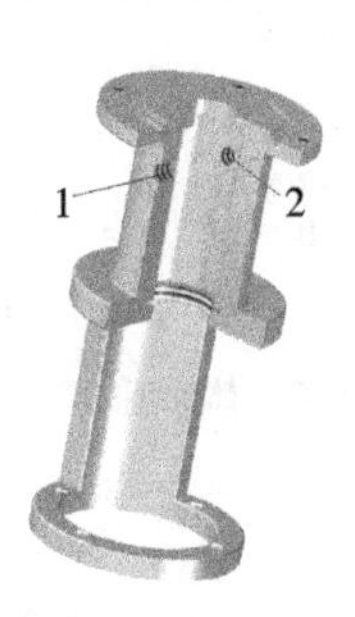


图 4 - 8　外壳结构图
1—通气口　2—液体观测口

通气口是连接高压气体气源和充气环的通道。液体观测口的一端与充气环相连,另一端与一根封闭的透明塑料管相连。如果被密封液体从转轴与隔水环的间隙流下,则可在透明管内看到流入的被密封液体。为了更准确地检测到管内是否有被密封液体,可在管内放置对被密封液体敏感的检测试纸。

## 4.4 压缩气体与被密封液体的计算流体动力学研究

### 4.4.1 压缩气体与被密封液体流体动力学模型的建立

本节将详细介绍压缩气体与被密封液体气液两相流的流体动力学模型的建立过程。

4.4.1.1 **计算域及边界条件**

考虑到实验验证的问题,计算域及边界条件均与实验情况对应。

考虑到转轴转速对压缩气体与被密封液体的界面的影响,故建立如图 4-9 所示的三维模型。该模型由密封腔(上部)、压缩气体通道(下部)两部分组成。密封腔内为被密封液体,压缩气体通道为隔水环与转轴的狭小间隙。为了研究该间隙对压缩气体与被密封液体的界面稳定性的影响,在模型中将该间隙设为变量,在数值模拟时分别取 0.1 mm、0.2 mm、0.3 mm、0.4 mm、0.5 mm、0.6 mm。规定水平面为 x-y 平面,竖直方向即来流方向为 z 方向。其中,模型几何参数均与实验模型相同,具体确定方法见 4.3.1。

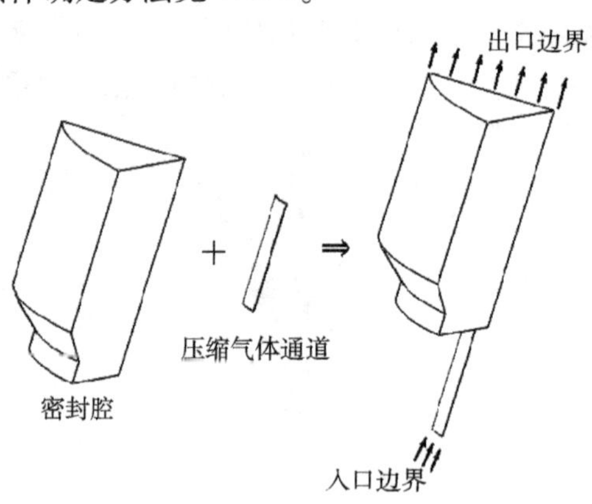


图 4-9　几何模型

压缩气体与被密封液体的界面位于密封腔与压缩气体通道的界面处,被密封液体用黑色表示,压缩气体用竖线表示,如图 4-10 所示。压缩气体通道与密封腔内的空间之间可进行流体交换。该部分数值模拟包括充气阶段和气压保持

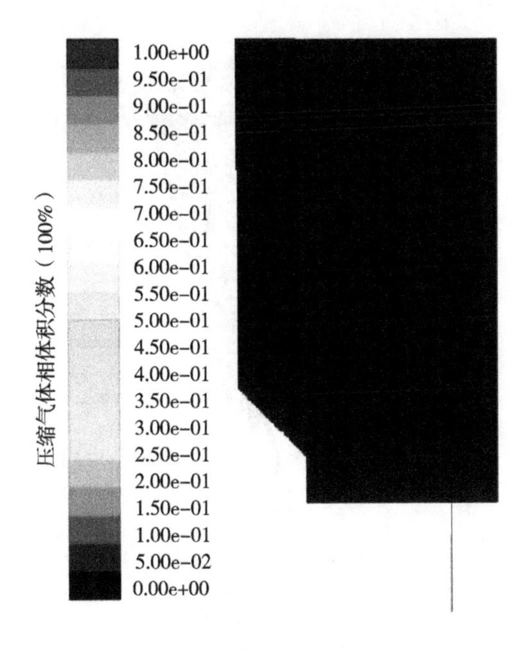


图 4－10　模型内的气液两相

阶段，充气阶段的边界条件为：压力入口 0.22 MPa、压力出口 0.2 MPa、转轴转速 6000 r/min；气压保持阶段的边界条件中入口改为封闭，其他边界条件不变。

#### 4.4.1.2　流体物性参数

本节研究的对象为压缩气体与被密封液体的界面状态，故主要针对压缩气体及被密封液体的流动进行研究。流体物性参数根据实验实际情况设定。实际应用中可用气泵将空气转化为压缩气源，常温常压下空气的密度 $\rho_1 = 1.25\ \mathrm{kg/m^3}$，动力黏度 $\mu_1 = 1.7894 \times 10^{-5}\ \mathrm{kg/ms}$；被密封液体水为不可压缩流体，其密度 $\rho_2 = 998.2\ \mathrm{kg/m^3}$，动力黏度 $\mu_2 = 1.003 \times 10^{-3}\ \mathrm{kg/ms}$。

#### 4.4.1.3　网格划分

本部分的模拟中，仍然在整个计算域内均使用四边形网格进行划分。为合理分配计算资源，在计算域距离压缩气体与被密封液体界面较远处等流动变化较小的区域使用尺寸较大的网格，而在压缩气体与被密封液体界面附近等流动状态复杂的区域对网格进行加密。同时，由于压缩气体所处间隙宽度很小，故该间隙内网格尺寸相应较小。整个计算域内，最小网格位于压缩气体与被密封液体的界面处，其量级为 $1 \times 10^{-5}$ m。最大网格位于计算域外侧，其量级为 $1 \times 10^{-3}$ m。网格模型如图 4－11 所示。

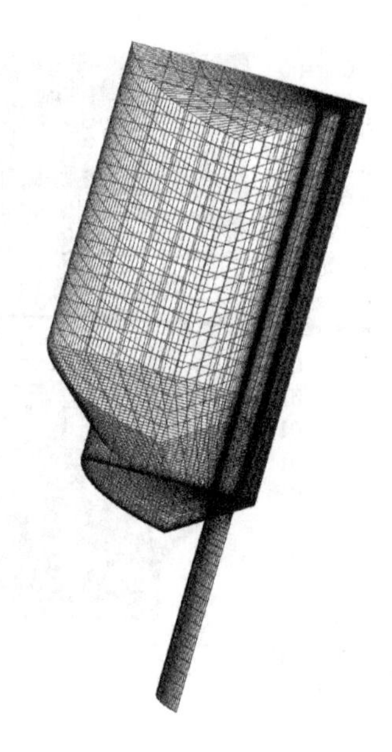

图 4-11　网格模型

#### 4.4.1.4　瞬态求解参数

压缩气体与被密封液体的界面处气泡的产生过程是一个瞬态流动问题，故本节数值模拟采用瞬态求解。本节的数值模拟采用隐式计算，所选取时间步长均能满足计算结果的库朗数不大于 5。

对于求解时长 $T$，充气过程的数值模拟和气压保持过程的数值模拟有所不同。在充气过程的数值模拟中，当压缩气体通道上端第一个圆形气泡产生后，该阶段的数值模拟结束，转到下一阶段的气压保持过程的数值模拟。在此之前的求解时间即为充气过程的求解时长。该求解时长较短。而在气压保持过程的数值模拟中，需考察入口封闭状态下压缩气体与被密封液体界面的形态及模型内两相流速度场、压力场等随时间的变化，需要足够长的求解时间。

#### 4.4.1.5　监测位置

为全面、细致地研究计算域内尤其是压缩气体和被密封液体界面周围二相流的特性，需要设置大量的监测位置，从而尽量详尽地获取流场不同位置的参数信息。而监测位置过多则会造成计算效率下降，并使数据处理成本成倍增加。因此需要根据流动特征，确定合理的监测位置布置方案。由于压缩气体和被密封液体界面内外流场流动情况与该界面的稳定性关系密切，故在压缩气体通道中心线上该界面上下两侧分别选取 10 个观测点，界面处选取 1 个观测点，共 21

个观测点。此处的界面为未充气前的水平界面。由于压缩气体通道很窄，界面的曲率半径很小，相邻观测点之间的距离需与界面的曲率半径相匹配，取值 0.2 mm，如图 4 - 12 所示。

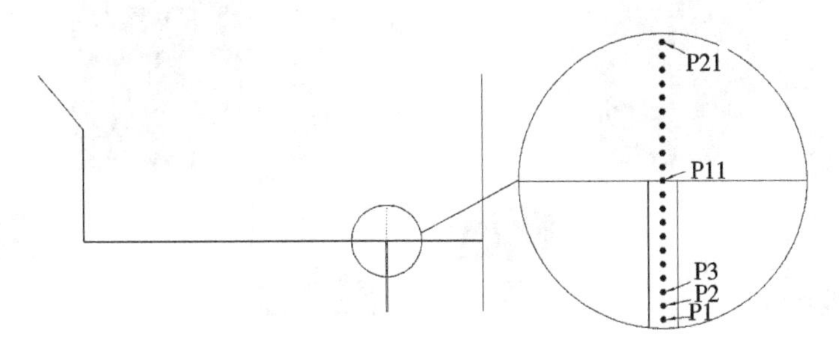


图 4 - 12　监测点位置

## 4.4.2　模拟结果及分析

### 4.4.2.1　充气阶段气泡的形成过程

(1)相分布。

以 0.2 mm 的压缩气体通道间隙为例，首先压缩气体通过通气口充入密封结构内，其后被密封液体注入密封腔，开始模拟，假设被密封液体与压缩气体的界面的初始状态近似平面，考察继续充气过程中压缩气体通道上沿形成气泡的过程。其各相分布如图 4 - 13 所示。

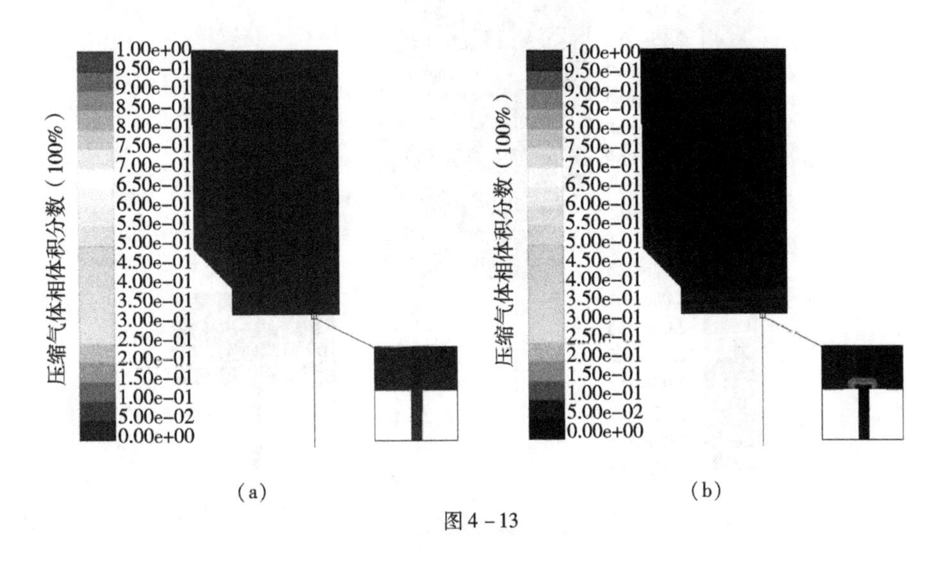


图 4 - 13

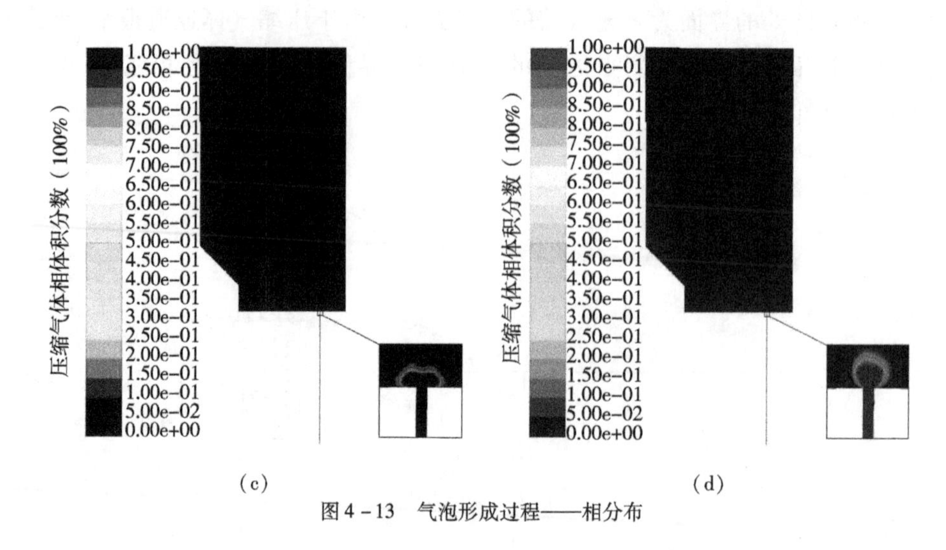


（c）　　　　（d）

图 4－13　气泡形成过程——相分布

（2）压力云图。

入口边界关闭前的压力云图及各监测点的压力值如图 4－14 所示。

从图 4－14 可以看出，充气阶段压缩气体端的压强明显大于被密封液体端的压强。在检测的 21 个点中，点 1 处的压力最高，$2.17835 \times 10^5$ Pa，点 21 处的压力最低，$2.11608 \times 10^5$ Pa，从下至上压强逐渐降低。由于压缩气体通道的间隙很

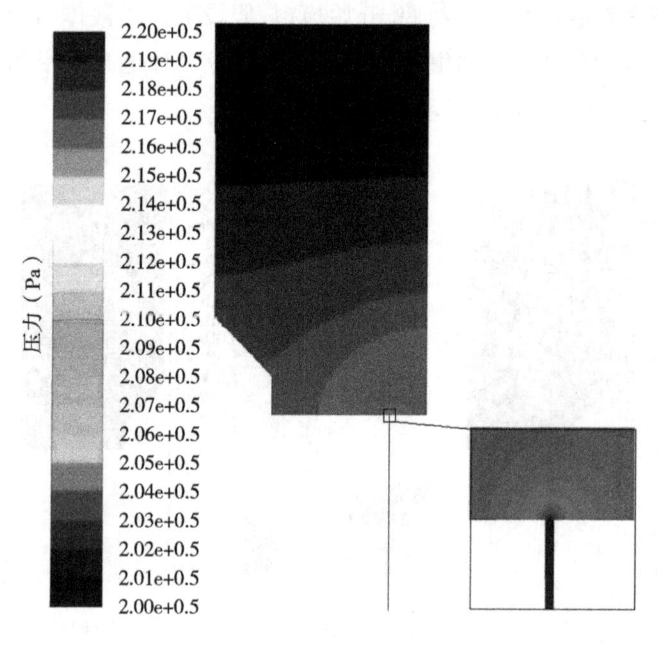


（a）入口关闭前压力云图

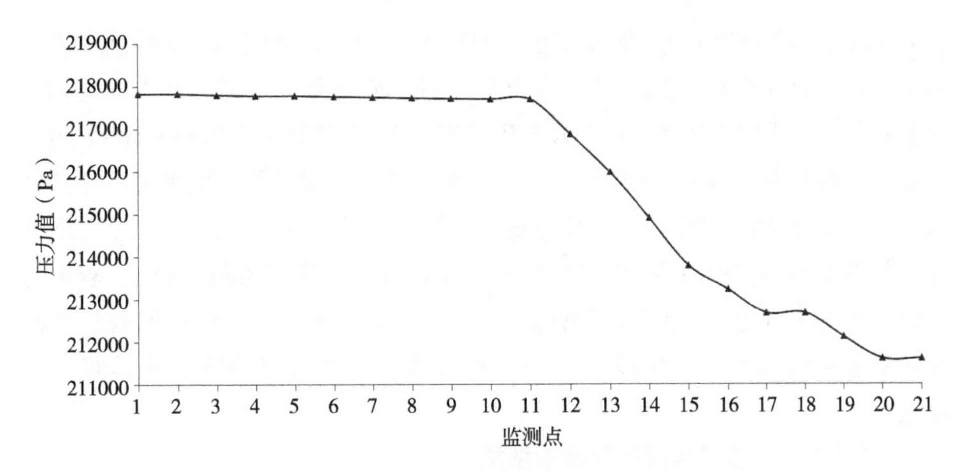


(b)入口关闭前监测点的压力值

图 4-14　入口关闭前压力

小，容积也相应很小，通道内的压力下降不明显，从压缩气体通道内点 1 到压缩气体通道上沿点 11 压力仅下降 $1.38\times10^2$ Pa，然而，从压缩气体通道上沿点 11 到被密封液体区域点 21 压力下降很快，共下降 $6.089\times10^3$ Pa。正因为压缩气体通道和被密封液体区域存在压差，气泡才能逐渐形成。

(3)速度分布。

入口边界关闭前的速度矢量图如图 4-15 所示。

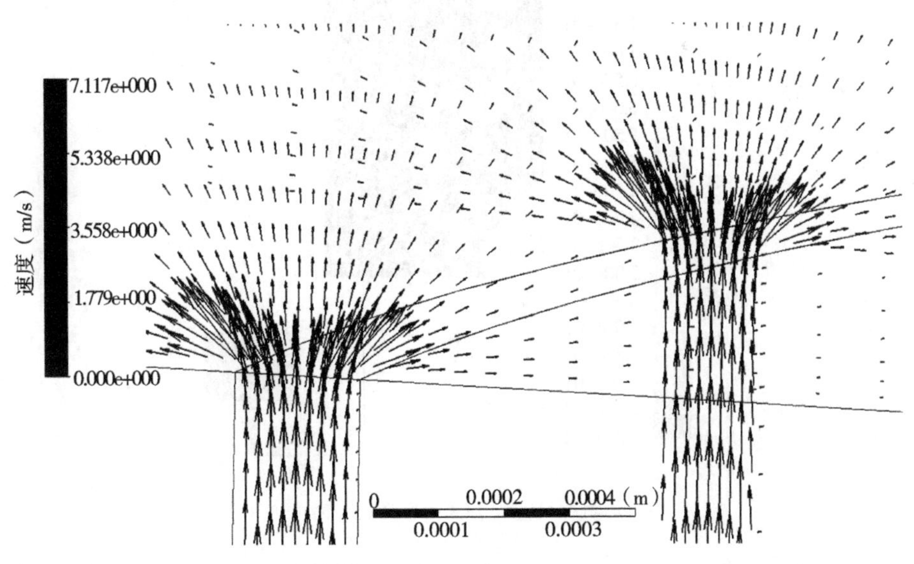


图 4-15　入口关闭前速度矢量图

从图 4 - 15 可以看出,在入口边界关闭前,压缩气体通道内的流体速度矢量的方向均为沿着通道向上,压缩气体通道上端的流体的速度矢量的方向也均有向上的分量。压缩气体通道内部及周围速度较大,速度最大为 7.117 m/s。由于压缩气体通道内气体向上的速度与转轴旋转所致的转轴外圆柱面上的流体速度相比很大,故转轴圆柱面上的流体速度可被忽略。压缩气体向上流动导致压缩气体与被密封液体的界面向上拱起,形成小的气泡。随着时间的推进,越来越多的气体进入气泡,气泡顶部不断上升,压缩气体与被密封液体界面处的气泡的体积逐渐增大。充气阶段于压缩气体通道上沿处气泡的宽度开始减小前停止。

#### 4.4.2.2　气压保持过程的数值模拟

充气过程的数值模拟结束后,将压缩气体入口封闭,即入口边界条件设置为 wall,其他边界条件不变,开始气压保持过程的数值模拟。

(1)相分布。

气压保持过程的数值模拟中,以步长为 1 μs 共运行 1000 步。模拟结果显示,气泡形状基本保持不变。如图 4 - 16 所示为 $t=1$ ms 后的相分布图。

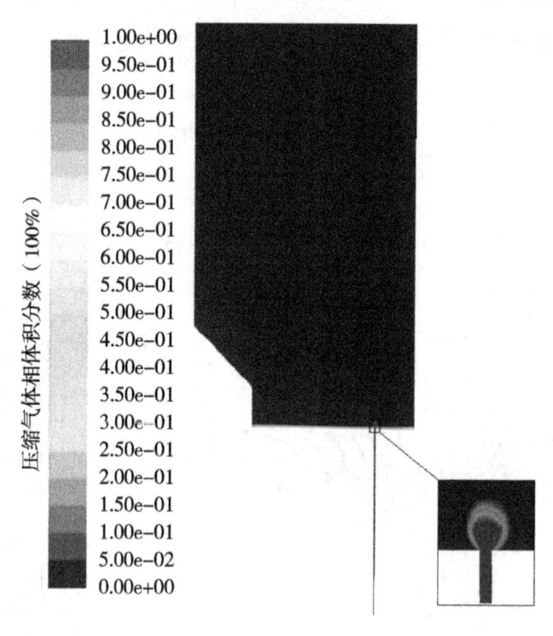


图 4 - 16　入口关闭后的相分布

此时压缩气体体积分数为 0.001 的等值面三维图如图 4 - 17 所示,该等值面近似于被密封液体与压缩气体的界面。

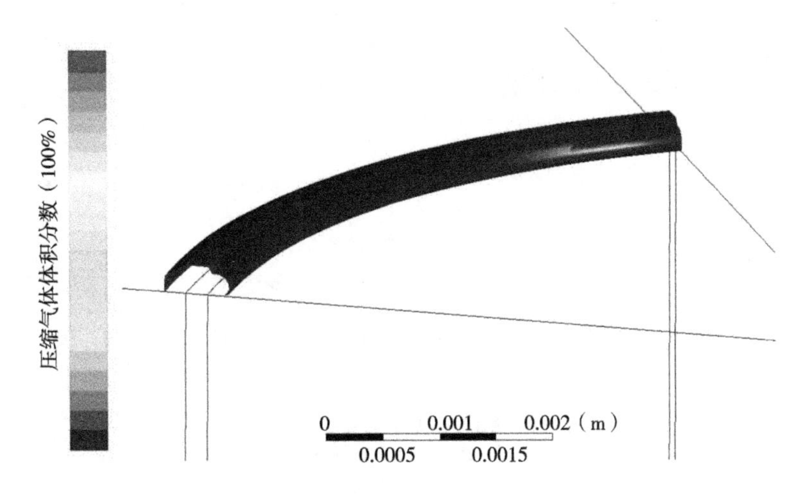


图 4 – 17　体积分数为 0.001 的等值面

由图 4 – 16 和图 4 – 17 可以看出，在入口关闭后，气泡形状未发生较大变化，被密封液体与压缩气体的界面保持稳定。

(2)压力云图。

入口封闭后的气压保持阶段 $t = 1$ ms 的压力云图及各监测点的压力值如图 4 – 18所示。

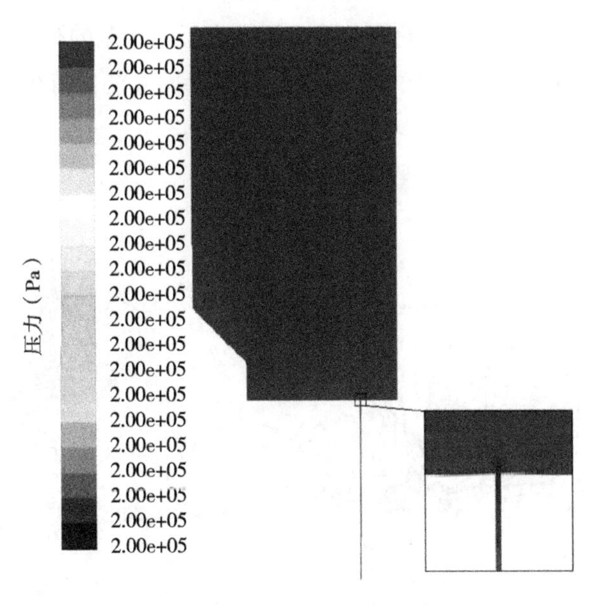


(a)入口关闭 1 ms 后的压力云图

图 4 – 18

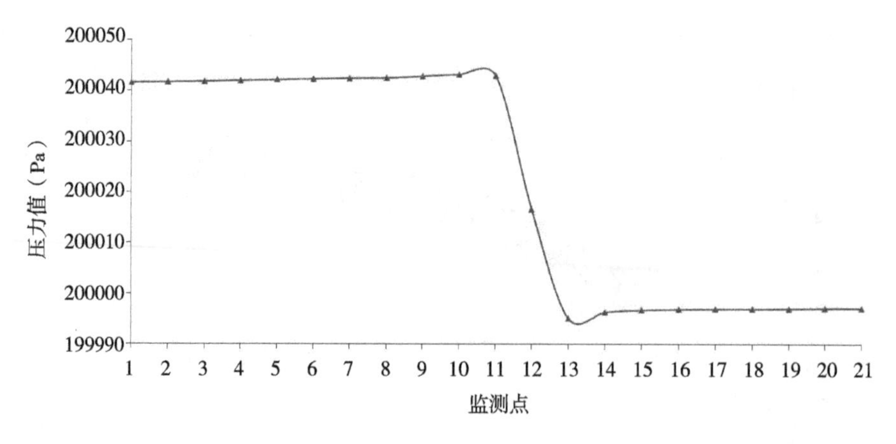


(b)入口关闭 1 ms 后的监测点的压力值

图 4－18　入口关闭 1 ms 后的压力

由图 4－18(a)可知,入口封闭后压缩气体端的压强与被密封液体端的压强非常接近,在检测的 21 个点中,点 10 处的压力最高,$2.00043\times10^5$ Pa,点 13 处的压力最低,$1.99995\times10^5$ Pa,压缩气体端的压强略高于被密封液体端的压强。从图 4－18(b)可清晰地看出,气泡以下的压缩气体端各监测点的压力基本相同,同样,压缩气体与被密封液体界面以上被密封液体端的各监测点的压力也基本相同。然而,气泡内外存在压力差,从气泡内的点 11 到气泡外的点 13 压力下降 48 Pa。该压差即为式(4－1)中表面张力产生的压力差。正是由于该压差的存在,气泡才能保持在压缩气体通道上沿处,压缩气体与被密封液体界面才能保持稳定。

(3)速度分布。

入口边界关闭后的速度矢量图如图 4－19 所示。

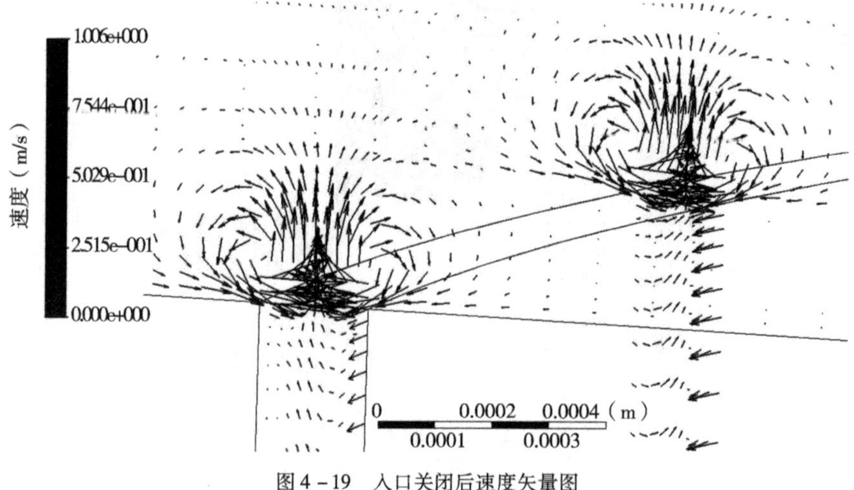


图 4－19　入口关闭后速度矢量图

从图 4 - 19 可以看出，在入口边界关闭后，气泡内的气体出现对流，在压缩气体与被密封液体的界面即气泡边缘内侧，气体沿着界面切线方向流动，且图中的速度分布关于间隙中心线大致对称。入口边界关闭后气泡内的流体速度较入口边界关闭前明显减小，气泡内流体的最大速度为 1.006 m/s，从速度矢量图中即可看出气泡的大致形状。压缩气体通道内的气体既有向上的速度矢量，又有向下的速度矢量，形成对流，且气体流动速度很小，约 0.1 m/s。沿转轴切线方向的速度与压缩气体通道内其他位置的速度相比较大，该速度是由转轴旋转引起的，转轴圆柱面上的流体速度约为 0.4 m/s。从图中可以看出转轴转速对气泡内部及周围的速度场影响较小。

#### 4.4.2.3　压缩气体通道间隙对气液界面的影响

从理论分析可以知道，压缩气体与被密封液体的界面上存在的表面张力在气泡内外形成压力差，致使气泡能够稳定地保持在压缩气体通道上沿。由式(4 - 1)可知，表面张力在气泡内外产生的压差与气泡半径成反比，而气泡半径又与压缩气体通道间隙正相关，故表面张力在气泡内外产生的压差与压缩气体通道间隙成反比。由于表面张力产生的压差很小，故只有当压缩气体通道间隙宽度很小时，该压差才能起作用；相反，当压缩气体通道间隙较大时，该压差可被忽略不计。入口关闭后不同压缩气体通道间隙下的相分布如图 4 - 20 所示。

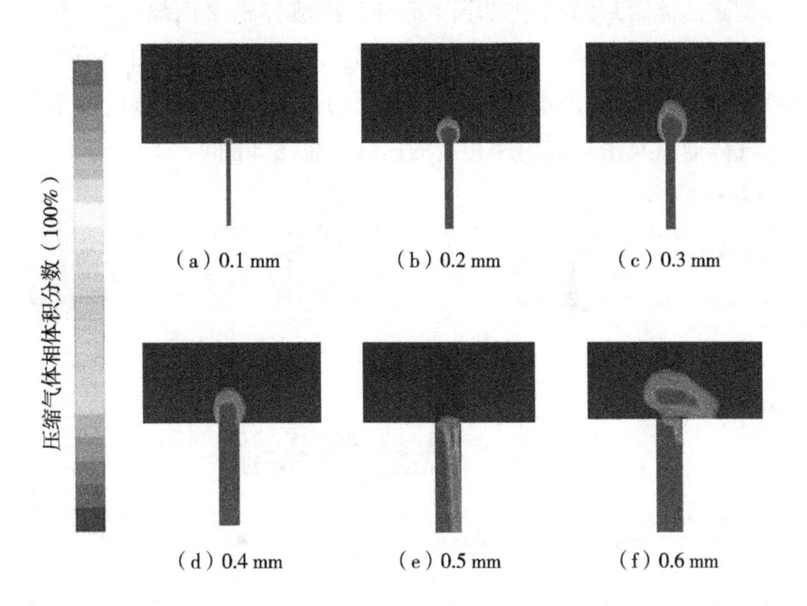


图 4 - 20　入口关闭后不同通道间隙下的相分布

图4－20分别列出了0.1 mm～0.6 mm共6种不同压缩气体通道间隙下压缩气体和被密封液体两相流在入口关闭后模拟1000步得到的相分布情况。从图中可以看出，当通道间隙在0.3 mm以内时，气泡形状变化不大，压缩气体与被密封液体的界面保持稳定；当通道间隙在0.5 mm以上时，气泡消失，压缩气体与被密封液体的界面被破坏，被密封液体已经流入压缩气体通道内，最终将与磁流体相接触，导致密封失效；当通道间隙在0.4 mm时，压缩气体通道边缘处气泡的宽度开始减小，气泡将逐渐脱离压缩气体通道上沿，压缩气体与被密封液体的界面也将被破坏，最终导致密封失效。由以上模拟结果可以得到，压缩气体通道间隙宽度不超过0.3 mm时，该气体隔离型磁流体密封结构能够保持正常工作状态。反之，如果压缩气体通道间隙宽度超过0.3 mm，该气体隔离型磁流体密封结构将会发生泄漏。

#### 4.4.2.4 转轴转速对气液界面的影响

利用磁流体与被密封液体直接接触情况下的磁流体密封结构密封液体时，转轴转速对磁流体密封性能的影响很大。当转轴转速较高时，耐压能力很低，密封寿命很短。下面研究转轴转速对气体隔离型磁流体密封结构密封液体性能的影响。在气体隔离型磁流体密封结构中，压缩气体将磁流体与被密封液体分开。磁流体密封气体时，线速度小于20 m/s的情况下密封性能不受转轴转速影响。气体隔离型磁流体密封结构中的下半部分为磁流体密封压缩气体，此部分的密封性能不受转轴转速影响。而气体隔离型磁流体密封结构中的上半部分为压缩气体与被密封液体部分，即本章中CFD研究的部分。气压保持阶段不同转轴转速下压缩气体通道及密封腔内两相流的速度矢量图如图4－21所示。

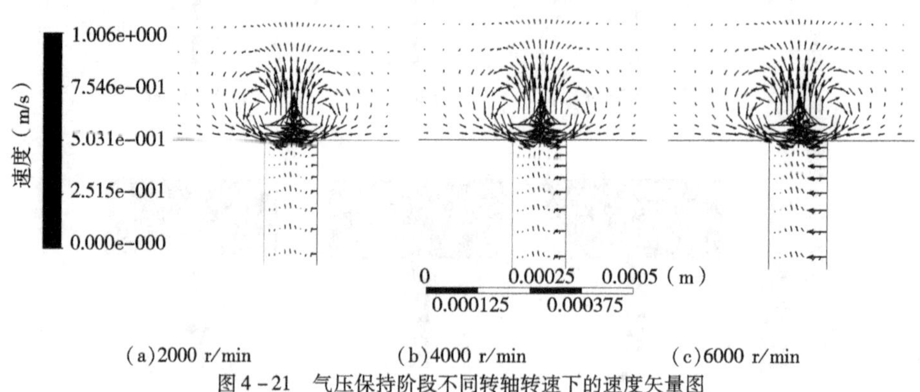


（a）2000 r/min　（b）4000 r/min　（c）6000 r/min

图4－21　气压保持阶段不同转轴转速下的速度矢量图

从图4－21可以看出，转轴转速分别为2000 r/min、4000 r/min、6000 r/min时，沿转轴切线方向的速度与转轴转速正相关，与压缩气体通道内其他位置的速度相比略大，然而该速度对各转轴转速下的气泡内部及周围的速度场影响很小，各转轴转速下的两相流的速度场基本相同。综上所述，转轴转速对压缩气体与被密封液体界面影响很小，进而可以得到，转轴转速对气体隔离型磁流体密封结构密封性能无明显影响。

## 4.5　本章小结

本章研究了用于密封液体的气体隔离型磁流体密封。理论研究了气体隔离型磁流体密封的理论耐压公式。设计了气体隔离型磁流体密封结构，并对该结构中压缩气体与被密封液体界面进行了计算流体动力学研究。主要研究内容如下：

(1)为了避免磁流体与被密封液体直接接触所引发的界面不稳定性，在原有磁流体密封的基础上，研究了气体隔离型磁流体密封模型。该模型在磁流体与被密封液体之间设置气体隔离腔，利用压缩气体将磁流体与被密封液体隔离开来，使原磁流体密封液体介质的问题转化为磁流体密封气体介质的问题。

(2)理论研究得到，压缩气体与被密封液体界面表面张力产生的压强差与磁流体密封气体的耐压能力相比可忽略不计，故气体隔离型磁流体密封结构密封液体介质的耐压能力近似等于磁流体密封气体介质的耐压能力。

(3)在直接接触型磁流体密封的基础上，气体隔离型磁流体密封液体结构增加了通气口、通气环和隔水环等部件，并对外壳进行了改进。磁流体与被密封液体之间的空间通过通气口与高压气源相连。压缩气体将磁流体与被密封液体隔离开来。

(4)对气体隔离型磁流体密封结构中压缩气体与被密封液体两相流进行了计算流体动力学研究，分别得到了充气过程和气压保持过程两个阶段的相分布、压力分布及速度分布。数值模拟结果表明，当压缩气体通道的间隙在 0.3 mm 以内时，压缩气体与被密封液体界面处于稳定状态，即气体隔离型磁流体密封结构对于液体具有较好的密封性能。另外，转轴转速对压缩气体与被密封液体界面的稳定性无明显影响。

# 第5章　用于密封液体的气体隔离型磁流体旋转密封的实验研究

本章将在第4章气体隔离型磁流体密封结构设计的基础上，对已搭建好的直接接触型磁流体密封实验台进行改进，形成气体隔离型磁流体密封实验台，并在此实验台上就气体隔离型磁流体密封结构的耐压能力及密封寿命进行实验研究，验证第4章的理论研究结果。本章的实验中同样均以水作为被密封液体。

## 5.1　气体隔离型磁流体旋转密封实验台的搭建

为了测试上文中设计的气体隔离型磁流体密封结构的密封性能，本节搭建了气体隔离型磁流体密封实验台，如图5-1和图5-2所示。与直接接触型磁流体密封实验台类似，气体隔离型磁流体密封实验台包括支撑部分、密封部分、动力部分、冲压检测和数据采集等五个部分。

气体隔离型磁流体密封实验台的支撑部分和动力部分与直接接触型磁流体密封实验台完全相同；密封部分由直接接触型磁流体密封结构更换为气体隔离型磁流体密封结构；冲压检测部分在原有设备基础上增加了两个压力传感器，如图5-3所示，用来分别检测压缩气体入口和出口的压力，以便得到实时准确的压力数据。

另外，为了采集压力传感器得到的实时数据，气体隔离型磁流体密封实验台增加了数据采集部分。数据采集部分由数据采集器和计算机组成。

## 5.2　耐压能力的实验研究

### 5.2.1　实验过程和方法

耐压能力实验包括静密封耐压实验和分别为1000 r/min 至6000 r/min的6个整千转轴转速的密封实验。耐压能力实验选取的密封间隙分别为0.05 mm、

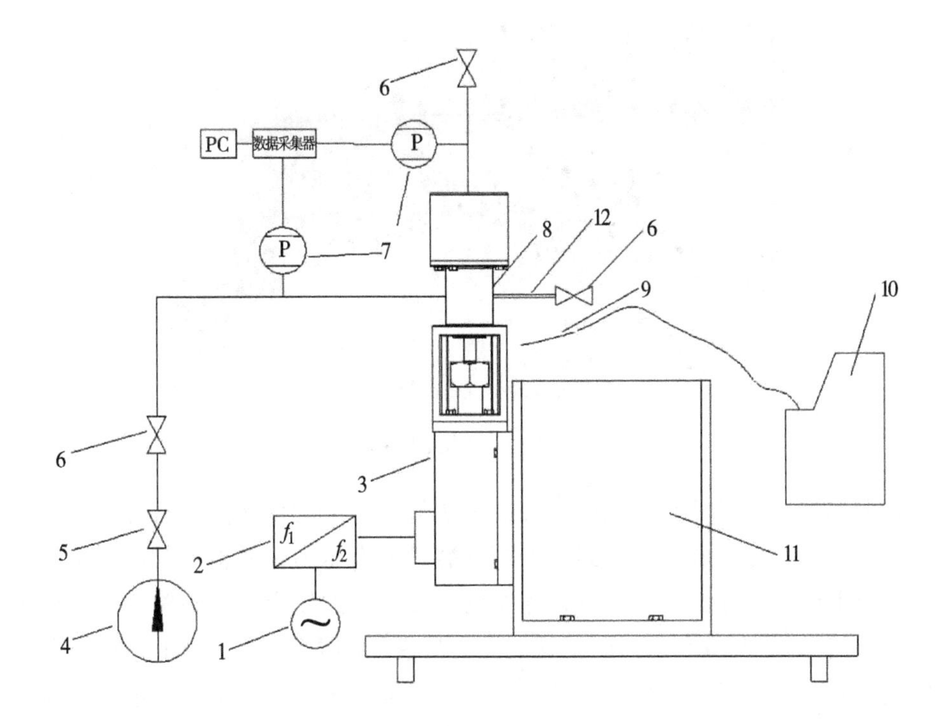


图 5 - 1　气体隔离型磁流体密封实验台示意图
1—电源　2—变频调速器　3—电机　4—气源　5—开关阀　6—减压阀
7—压力传感器　8—密封单元　9—吸枪　10—检漏仪　11—支撑背板　12—液体观测管

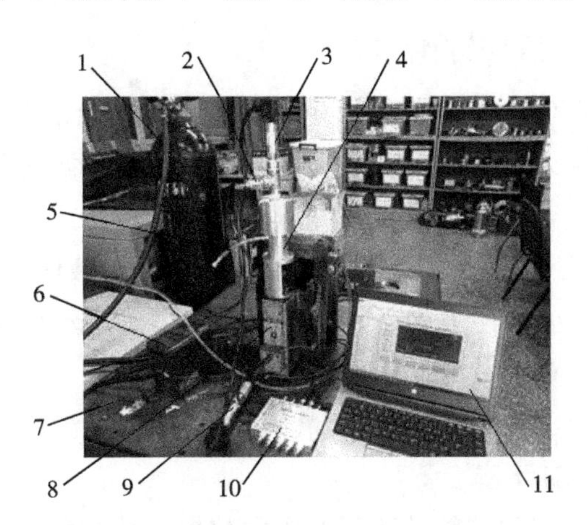


图 5 - 2　气体隔离型磁流体密封实验台实物图
1—气源　2—减压阀　3—压力传感器 A　4—密封单元　5—液体观测管
6—变频调速器　7—支架　8—电机　9—压力传感器 B　10—数据采集器　11—计算机

0.1 mm、0.2 mm。耐压能力实验开始时，密封腔中不加入液体且上端先不封闭，转轴达到一定转速后（静密封耐压实验中转轴静止），打开压缩气体阀门，压缩气

图 5－3　压力传感器

体经通气口进入密封腔,并从密封腔的上端排出。之后将水注入密封腔内至容积的一半,水加注完成后在密封腔上端安装已连有压力传感器的阀门。将阀门置于关闭状态,并逐渐提高通气口连接的压缩气体的压力。直到磁流体密封泄漏时记录当时通气口和密封腔上端的压力传感器的数值,密封腔上端压力和被密封液体自重产生的压力之和即为该密封结构密封液体介质的耐压能力。据此方法可得到不同间隙和转轴转速组合下的气体隔离型磁流体密封结构密封液体介质的耐压能力。

### 5.2.2　结果分析与讨论

以转轴转速为 6000 r/min,间隙为 0.05 mm 的耐压能力实验为例,实验中通气口和密封腔上端压力传感器测得的压力数据变化曲线如图 5－4 所示。图中两条压力曲线基本重合。由理论研究可知,通气口的压力等于被密封液体处的压力,而被密封液体处的压力又等于密封腔上端压力与液体自重产生的压力之和。由于液体自重产生的压力和通气口压力相比可忽略不计,故密封腔上端压力与通气口压力近似相等。实验结果与理论研究相吻合。图中曲线的最高点为该密封结构的最大耐压值,当压力达到最大耐压值后,磁流体密封泄漏,两个压力传感器所示数值迅速下降。

耐压能力实验中其他转轴转速下的压力数据变化曲线与 6000 r/min 转速下压力值的走势(图 5－4 中曲线)相似。用同样的方法可得到其他间隙不同转轴转速下的实验耐压值。将第 2 章中各密封间隙内的磁场数值模拟结果代入式(4－7)可得到气体隔离型磁流体密封结构密封液体时各间隙下的理论耐压值。

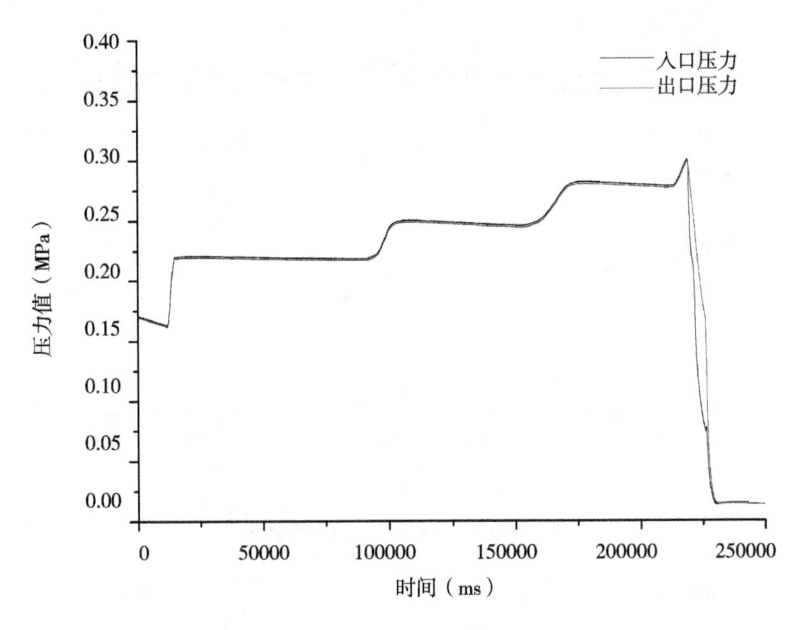


图 5－4　压力变化实验曲线(6000 r/min)

将同一密封间隙的气体隔离型磁流体密封结构的理论耐压值、实验耐压值进行对比，得到的结果如图 5－5（密封间隙为 0.05 mm）、图 5－6（密封间隙为 0.1 mm）、图 5－7（密封间隙为 0.2 mm）所示。

从图 5－5～图 5－7 可以看出，同一间隙的气体隔离型磁流体密封结构在不

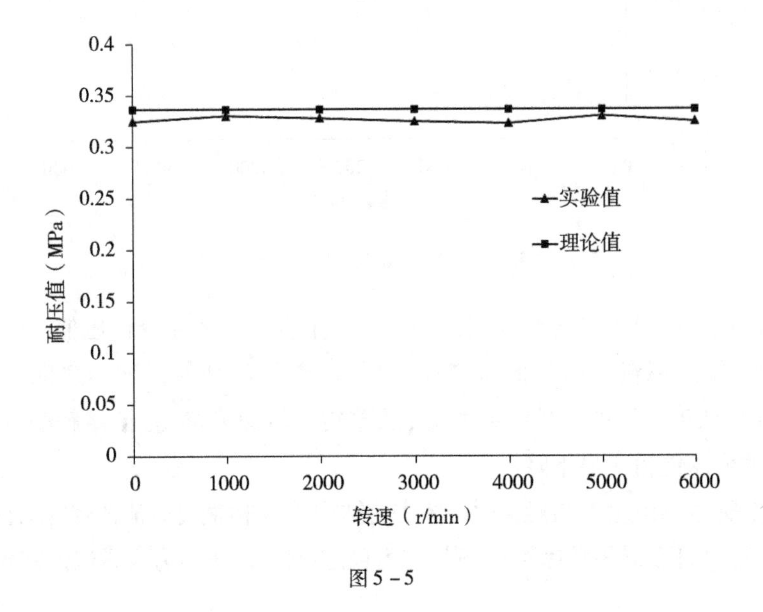


图 5－5

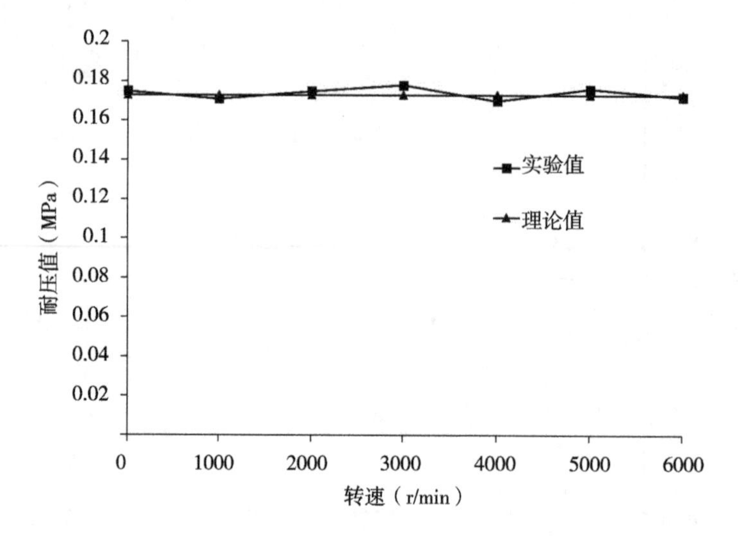


图 5-6　0.1 mm 密封间隙下的耐压值

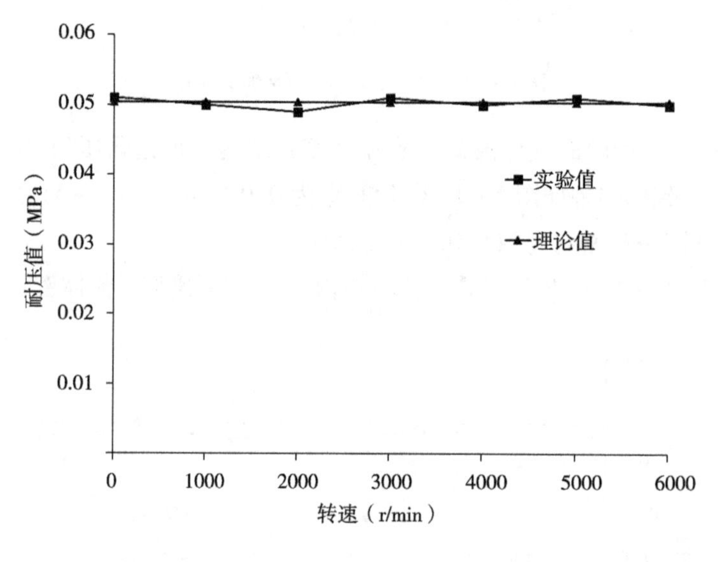


图 5-7　0.2 mm 密封间隙下的耐压值

同转轴转速下的最大实验耐压值基本不变，且接近于其理论耐压值。这是由于此密封结构中，磁流体密封的是气体介质，磁流体与被密封液体之间未直接接触。然而，从第 3 章的实验结果可知，随着转轴转速升高，直接接触型磁流体密封结构的耐压能力明显下降。

综上所述，相比直接接触型磁流体密封结构，气体隔离型磁流体密封结构密封液体的耐压能力不受转轴转速影响，耐压能力稳定，且其耐压能力与磁流体密封气体的耐压能力近似相等,其耐压能力明显优于直接接触型磁流体密封的耐压能力。

## 5.3　密封寿命的实验研究

### 5.3.1　实验过程和方法

与耐压能力实验相似,气体隔离型磁流体密封寿命实验选取分别为1000 r/min至6000 r/min的6个整千转速,选取的密封间隙分别为0.05 mm、0.1 mm、0.2 mm。密封寿命实验时,安装密封腔上端阀门前的步骤和耐压能力实验相同。阀门安装完成并关闭后,调节通气口处压缩气体的压力使其达到已测出的密封结构耐压能力范围内的某一特定值,开始计时,进行气体隔离型磁流体密封水的密封寿命实验。与直接接触型磁流体密封寿命实验相似,该水压值与静密封的耐压值的比例系数$K$分别设定为0.3、0.5和0.8。由于实验中密封腔内水的高度很小,故可将高压气瓶向密封腔内施加的压力近似为界面处的水压。保持转轴转速和水压不变,直到密封泄漏时结束计时,得到某一水压、转轴转速、密封间隙组合下的磁流体密封水的寿命。

### 5.3.2　结果分析与讨论

#### 5.3.2.1　转轴转速对密封寿命的影响

以0.05 mm密封间隙为例,取水压比例系数$K$分别为0.3、0.5和0.8,得到的不同转轴转速下密封寿命实验结果如图5－8所示。

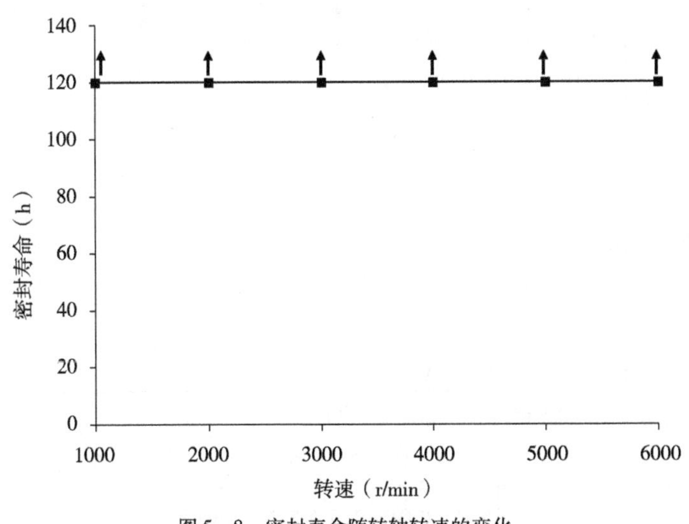


图5－8　密封寿命随转轴转速的变化

实验中,气体隔离型磁流体密封结构在各转轴转速及水压下连续工作 120 小时后,导流管内未发现液滴,气体压力一直保持稳定,磁流体密封处于正常工作状态。因此可以推断:气体隔离型磁流体密封结构有效地阻止了磁流体与被密封液体的直接接触,将磁流体密封液体介质的问题成功转化为磁流体密封气体介质的问题。又因为磁流体密封气体介质的寿命很长,故在本实验中在各转轴转速下连续正常工作 120 小时后就停止实验。以上为 0.05 mm 密封间隙的寿命实验结果,0.1 mm、0.2 mm 密封间隙下的寿命实验也有同样的结果。由此可得,在实验研究的时间内气体隔离型磁流体密封结构密封液体的寿命与转轴转速无关。

然而,从第 3 章的实验结果可知,当磁流体与被密封液体直接接触时,转轴转速是影响磁流体密封液体性能的重要因素之一。直接接触型磁流体密封结构中转轴旋转导致磁流体与被密封液体界面处产生速度差,影响到磁流体与被密封液体界面的稳定性,最终致使磁流体密封性能下降,磁流体密封结构很难正常工作较长时间不发生泄漏。直接接触型磁流体密封结构在较高的转轴转速下的密封寿命明显低于气体隔离型磁流体密封结构的密封寿命。

#### 5.3.2.2 密封间隙对密封寿命的影响

为了与直接接触型磁流体密封结构密封液体的寿命实验结果进行比较,在各间隙下气体隔离型磁流体密封结构密封液体的寿命实验中选取的水压与直接接触型磁流体密封寿命实验所选水压相同,为 0.04 MPa。实验选取了2000 r/min、4000 r/min、6000 r/min 三个转轴转速,各间隙下密封寿命实验结果如图 5 -9所示。

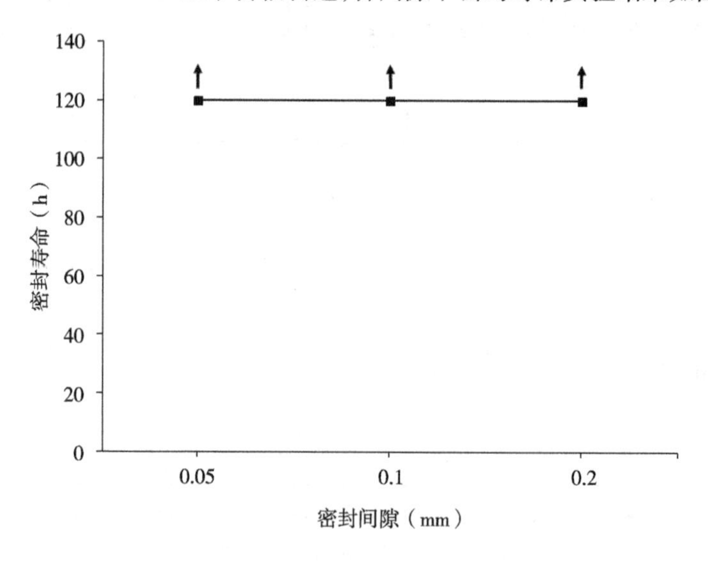


图 5 -9　0.04 MPa 下各间隙密封寿命

实验中，在各间隙及转轴转速下，气体隔离型磁流体密封结构均连续正常工作 120 小时以上不发生泄漏，实验停止。由此可知，在实验时间内，只要水压低于气体隔离型磁流体密封结构的耐压值，气体隔离型磁流体密封结构的密封寿命和密封间隙无关，均可实现较长时间的稳定运行。然而，由第 3 章实验结果可知，当磁流体与被密封液体直接接触时，密封间隙是影响密封寿命的重要因素之一，密封寿命随密封间隙的增大急剧下降。直接接触型磁流体密封结构在所有密封间隙下的密封寿命均小于气体隔离型磁流体密封结构的密封寿命。

#### 5.3.2.3　被密封液体压力对密封寿命的影响

在气体隔离型磁流体密封结构上进行的水压对密封寿命影响的实验中选取的密封间隙为 0.05 mm，转轴转速为 3000 r/min，实验得到的密封寿命随水压比例系数 $K$ 的变化关系如图 5－10 所示。

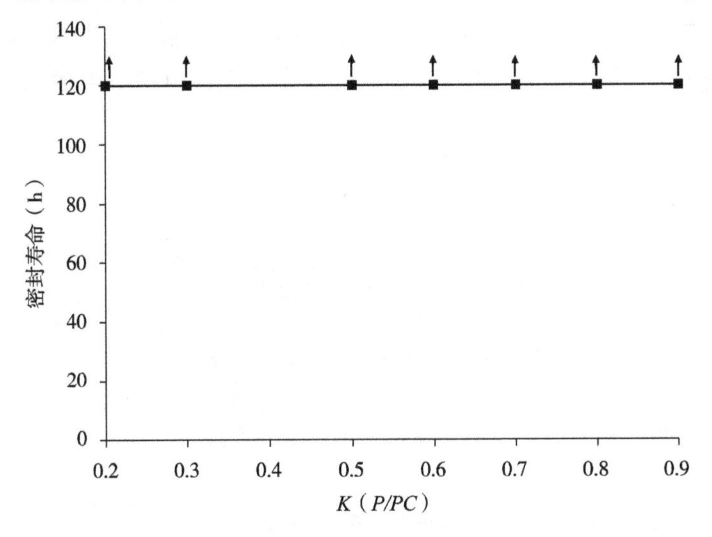


图 5－10　3000 r/min 下密封寿命与水压比例系数 $K$ 的关系

实验中，在各水压下，气体隔离型磁流体密封结构均连续正常工作 120 小时以上不发生泄漏，实验停止。然而，由第 3 章实验结果可知，水压是影响直接接触型磁流体密封寿命的重要因素之一，直接接触型磁流体密封寿命随水压的增大急剧下降。

综合以上实验可以得出，气体隔离型磁流体密封结构利用压缩气体将磁流体与被密封液体有效地隔离开，避免了磁流体与被密封液体直接接触。在实验时间内密封结构运行稳定，其密封寿命不受转轴转速影响。气体隔离型磁流体密封结构成功地将密封液体介质问题转化为密封气体介质问题，密封寿命明显延长。

## 5.4 带有闭环控制系统的气体隔离型磁流体旋转密封

在上节的密封寿命实验过程部分，单次实验中的被密封液体端的压力是恒定不变的。然而，在实际应用场合下，液体环境的压力可能是变化的。为了使气体隔离型磁流体密封结构运行更加稳定可靠，气体隔离装置位置的气压必须能够实时地响应被密封液体端压力的变化，故本书提出了带有压力闭环控制系统的气体隔离型磁流体密封。

### 5.4.1 控制系统原理

本书设计用于气体隔离型磁流体密封结构密封液体实验中的压力闭环控制系统以数据采集卡和 LabVIEW2012 软件平台所搭建，由数据采集卡、LabVIEW2012 软件、压力传感器、电磁阀以及直流工控电源等组成，其系统原理如图 5－11 所示。

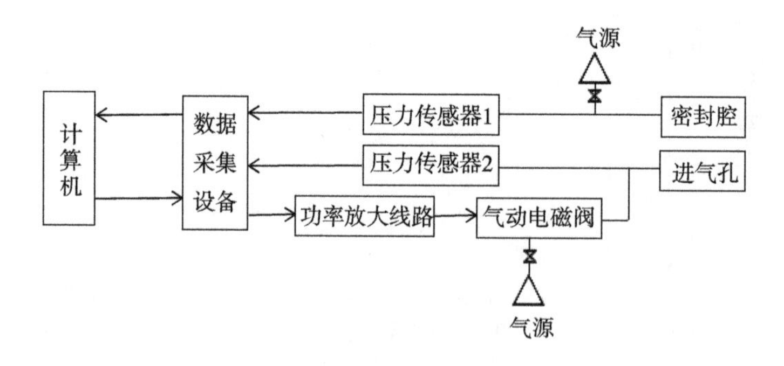


图 5－11 系统原理图

使用气体隔离型磁流体密封结构密封液体时，从进气口进入的压缩气体与被密封液体在压缩气体通道上端的界面处于稳定状态。压缩气体的压力略高于被密封液体上端密封腔内的压力，两者处于平衡状态，两个位置压力的差值近似于恒定值，该差值与被密封液体的高度有关。故在设计的控制系统中，将该差值设置为阈值。当被密封液体的压力增加导致上述压差小于阈值时，控制系统令电磁阀处于打开状态，高压气源通过电磁阀将压缩气体充入气体隔离装置所在位置，使压差上升；当压差超过阈值时，控制系统令电磁阀处于关闭状态，气源与气体隔离装置所在位置不再相通。以上即为整个气动控制过程。

### 5.4.2　控制系统的硬件组成

根据闭环控制系统的工作原理,在气体隔离型磁流体密封实验台上增加相应硬件设备,形成对该实验系统的闭环控制。闭环控制系统中所选用硬件设备主要包括数据采集卡、电磁阀、压力传感器、功率放大电路、计算机以及直流工控电源,如图 5 - 12 所示。

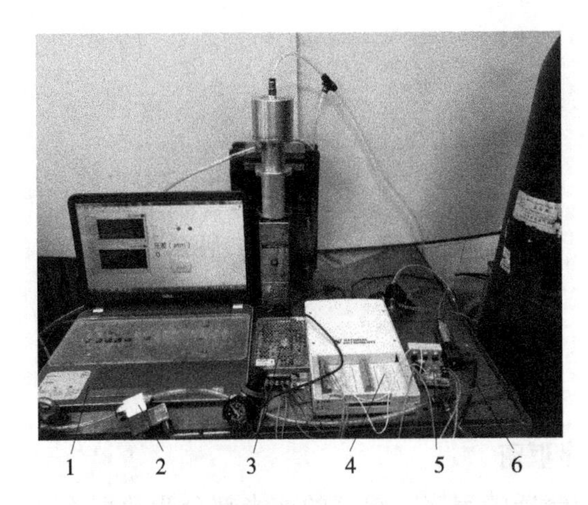

图 5 - 12　带有闭环控制系统的气体隔离型磁流体密封实验台
1—计算机　2—电磁阀
3—直流工控电源　4—数据采集装置　5—功率放大电路　6—压力传感器

#### 5.4.2.1　电磁阀

本实验采用的气动电磁阀型号是 2V025 - 08。其为两位两通电磁阀。阀体较小,是典型的小阀体电磁阀。

#### 5.4.2.2　数据采集装置

数据采集装置采用的是美国 NI 公司生产的 USB - 6251,该装置具有 16 路模拟输入的端口,2 路模拟输出的端口以及 24 路数字 I/O。输出电压为 5 V,最大输出电流为 20 mA。由于采集卡输出的电流较小,不能引起电磁阀的开断,故在控制系统中添加功率放大电路。

#### 5.4.2.3　直流工控电源

直流工控电源采用的型号是 S - 60 - 24,输入电压为 90 ~ 240 V,输出电压为 24 V,最大输出电流为 3 A,功率为 60 W。主要将交流变为直流,为电磁阀提供电源。

### 5.4.3 控制系统的软件设计

#### 5.4.3.1 前面板

本书中的闭环控制系统是基于 LabVIEW2012 版本进行设计的。前面板是 labview 的监控界面,可以对系统各参数变化进行实时监控,如图 5 - 13 所示。前面板上显示内容主要包括压力波形图、压差波形图以及电磁阀开关指示灯。

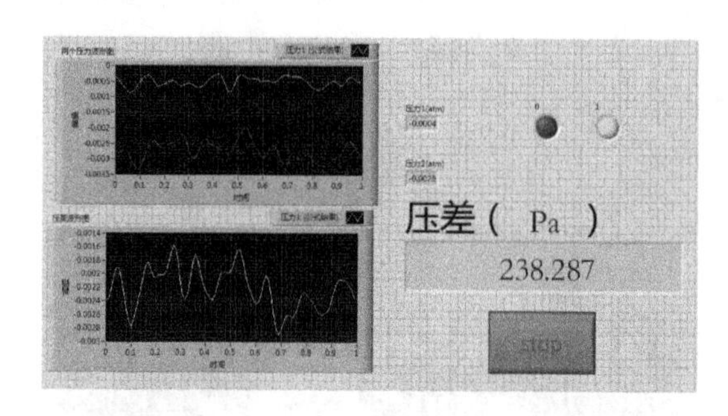


图 5 - 13 前面板

#### 5.4.3.2 程序框图

图 5 - 14 为控制器的程序。程序的前半部分为数据输入部分,后半部分为数据输出部分。数据输出部分采用了判断语句、条件结构以及 DAQ 模式等。在上节的实验中,压缩气体的压力和被密封液体上端密封腔内的压力处于平衡状态时其压差值约为 0.005 MPa,故在控制系统中设置 0.005 MPa 为阈值。判断语句是将输入进气口的气体与密封腔内气体的压力差和上述阈值进行比较而选择分路。条件结构为:如果压力差小于阈值为真则执行上方框内的命令;如果压力差大于等于阈值,则执行下方框内的命令。

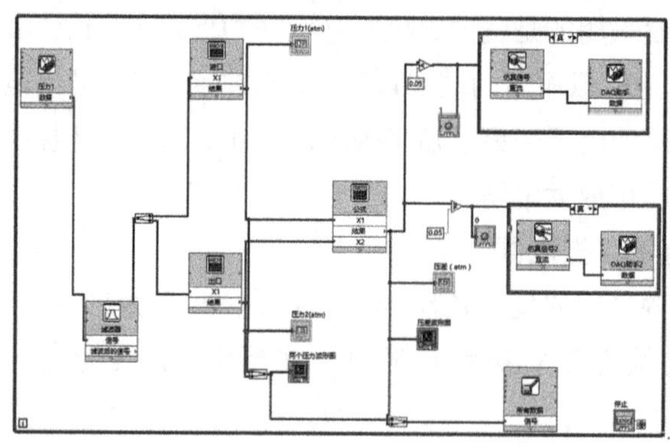

图 5 - 14 程序框图

为了数据采集的方便，本控制系统把数据采集的程序、电磁阀控制及采集触发程序放在了一个 VI 之中。数据采集子程序采用了 LabVIEW2012 软件中的 DAQ 助手模块进行编程。当气压差小于 0.005 MPa 时，输入电压为 5 V 的模拟信号给 DAQ，使气动电磁阀打开充气；当气压差大于等于 0.005 MPa 时，输入电压为 0 V 的模拟信号给 DAQ，使气动电磁阀关闭。DAQ 数据采集子程序如图 5－15所示。

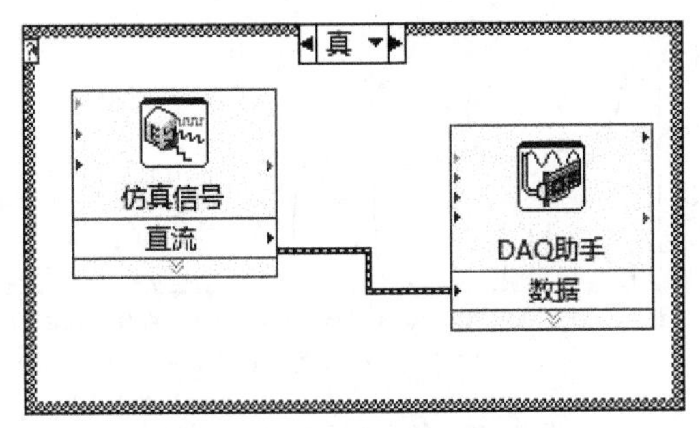


图 5－15　DAQ 数据采集子程序

### 5.4.4　控制系统的实验研究

将本书设计的闭环控制系统应用于气体隔离型磁流体密封结构密封液体的实验中，得到密封腔压力和进气口压力的变化如图 5－16 所示。

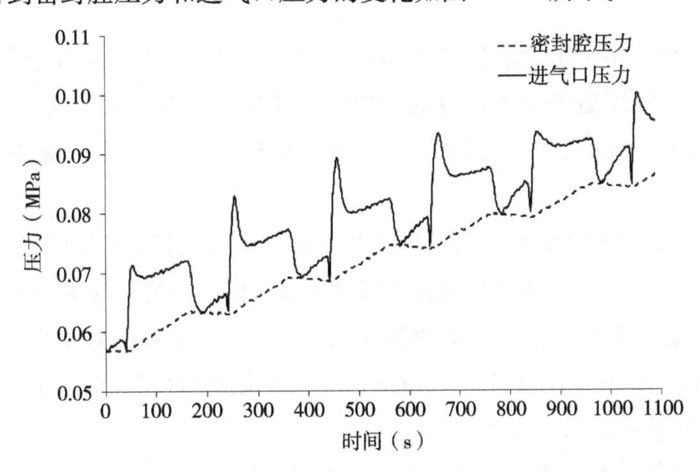


图 5－16　闭环控制下的压力变化

从图 5－16 可以看出，进气口处的压力随着密封腔压力的升高同步升高。由控制系统的程序可知，当进气口处的压力与密封腔内压力的差值小于

0.005 MPa时，电磁阀被打开，气源从进气口充入压缩气体。图5－16中的进气口压力与密封腔压力接近后，由于气源开始向气体隔离装置内充气，故该位置的气压明显升高，当压差升高后，电磁阀被断开，气体隔离装置位置的气压回落。实验得到的进气口处和密封腔内的压差的变化如图5－17所示。

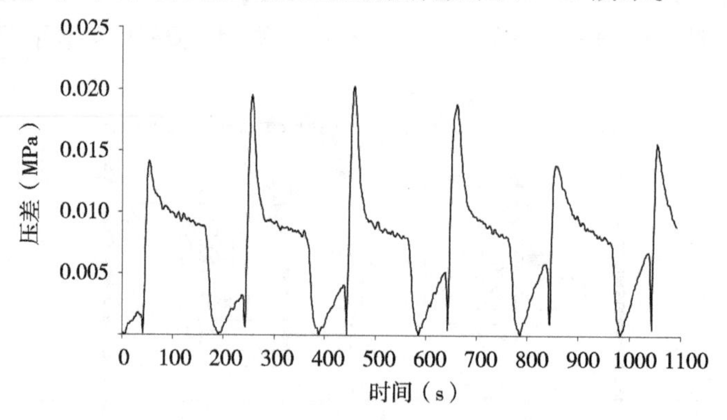


图5－17　闭环控制下的压差变化

从图5－17可以看出，进气口处与密封腔内的压差均为正数，且压差保持在较小范围内，保证了气体隔离型磁流体密封结构的正常运转。

## 5.5　本章小结

本章搭建了用于密封液体的气体隔离型磁流体密封实验台，并在此实验台上进行了气体隔离型磁流体密封的耐压能力实验和密封寿命实验，并提出了带有压力闭环控制系统的气体隔离型磁流体旋转密封。主要研究内容和结论如下：

（1）对已有的直接接触型磁流体密封实验台进行改进，搭建了气体隔离型磁流体密封实验台。气体隔离型磁流体密封实验台的密封部分由直接接触型磁流体密封结构更换为气体隔离型磁流体密封结构；冲压检测部分在原有设备基础上增加了压力传感器；为了实时采集压力传感器得到的数据，增加了数据采集部分，包括数据采集器和计算机。

（2）在气体隔离型磁流体密封实验台上进行了耐压能力实验。实验表明，气体隔离型磁流体密封结构的耐压能力不受转轴转速影响，耐压能力稳定，且其耐压能力与磁流体密封气体的耐压能力近似相等，耐压能力明显优于直接接触型磁流体密封结构。

(3)在气体隔离型磁流体密封实验台上进行了密封寿命实验。实验表明,气体隔离型磁流体密封结构利用压缩气体将磁流体与被密封液体有效地隔离开,避免了磁流体与被密封液体直接接触。在实验时间内密封结构运行稳定,其密封寿命不受转轴转速影响。气体隔离型磁流体密封结构成功地将密封液体介质问题转化为密封气体介质问题,密封寿命明显延长,均在 120 小时以上。

(4)提出了带有压力闭环控制系统的气体隔离型磁流体旋转密封。闭环控制系统是以数据采集卡和 LabVIEW2012 软件平台所搭建,由数据采集卡、LabVIEW2012 软件、压力传感器、电磁阀以及直流工控电源等组成。通过控制系统控制电磁阀的通断来保证气体隔离装置处与密封腔内的压差处于正常范围,使气体隔离型磁流体旋转密封能够在智能控制下稳定运转。

# 第6章　结论

## 6.1　主要结论

本书针对磁流体旋转密封液体进行了深入研究,设计了用于密封液体的直接接触型磁流体旋转密封结构和气体隔离型磁流体旋转密封结构,对磁流体旋转密封液体技术的发展具有重要的学术价值和实践意义。主要结论如下:

(1)为减小磁流体与被密封液体界面的不稳定性对密封性能的影响,设计了小间隙直接接触型磁流体旋转密封结构和添加挡板的直接接触型磁流体旋转密封结构;对磁流体密封结构的不同密封间隙内的磁场仿真分析得出小间隙内的磁场强度较强且其静密封液体最大理论耐压能力较强。对密封结构内磁流体与被密封液体的两相流进行的计算流体动力学研究得到了磁流体与被密封液体在其界面破坏过程中的相分布和速度分布。

(2)进行了磁流体与水界面稳定性实验和两种直接接触型磁流体旋转密封结构对液体介质的密封性能实验。

①通过界面稳定性实验,得到了随转轴转速升高界面保持稳定时间缩短的实验结果,验证了理论研究结论。

②直接接触型磁流体密封结构方案一的实验表明:转轴转速、密封间隙、被密封液体压力是影响磁流体旋转密封液体性能的重要因素。首先,当转轴转速较高时,磁流体动密封液体的密封性能较差,很难长时间正常工作;其次,直接接触型磁流体旋转密封结构的间隙变小后可较明显地提高其密封性能:与0.1 mm间隙密封结构相比,0.05 mm小间隙密封结构在转轴转速为2000 r/min时,密封寿命提高超过2倍;在转轴转速为4000 r/min时,密封寿命提高约2倍;最后,当被密封液体压力值非常低时,密封寿命较高。

③直接接触型磁流体密封结构方案二的实验表明:添加挡板后,密封寿命延长。在0.05 mm密封间隙下,挡板厚度在3 mm以内时,随着挡板厚度的增加,密封寿命逐渐上升;挡板厚度大于3 mm时,不同挡板厚度下的密封寿命基本不变。

在挡板厚度10 mm、转轴转速2000 r/min条件下,密封结构连续工作120小时不泄漏。然而,当转轴转速较高时,添加挡板后的密封结构的密封性能虽有提高,但仍然较差。

(3)为解决直接接触型磁流体密封中磁流体与被密封液体的界面不稳定性所导致的磁流体旋转密封性能下降的问题,本书设计了用于密封液体的气体隔离型磁流体旋转密封结构。该模型在磁流体与被密封液体之间设置气体隔离腔,利用压缩气体将磁流体与被密封液体隔离开,使原磁流体旋转密封液体介质的问题转化为磁流体旋转密封气体介质的问题。

①设计了气体隔离型磁流体旋转密封结构,在原有磁流体旋转密封结构的基础上,气体隔离型磁流体旋转密封结构增加了通气口、通气环和隔水环等部件。

②对气体隔离型磁流体旋转密封结构中压缩气体与被密封液体部分的计算流体动力学研究得到了充气过程和气压保持过程两个阶段的两相流相分布、压力分布及速度分布。数值模拟结果表明:当压缩气体通道的间隙在0.3 mm以内时,压缩气体与被密封液体界面处于稳定状态,即气体隔离型磁流体旋转密封结构对于密封液体介质具有较好的密封性能;此外,转轴转速对压缩气体与被密封液体界面的稳定性无明显影响。

(4)为进一步验证本书设计的用于密封液体的气体隔离型磁流体旋转密封结构的密封效果,进行了用于密封液体的带有压力闭环控制系统的气体隔离型磁流体旋转密封的实验研究。

①搭建了用于密封液体的气体隔离型磁流体旋转密封实验台并进行了相应的耐压能力实验和密封寿命实验。实验结果表明,在密封液体介质时,与直接接触型磁流体旋转密封相比,气体隔离型磁流体旋转密封结构的密封性能有较大提高:其耐压能力和密封寿命在实验研究时间内均不受转轴转速影响;耐压能力稳定,与磁流体旋转密封气体的耐压能力基本相同;密封寿命延长,均在120小时以上。

②为消除被密封液体压力变化对气体隔离型磁流体旋转密封结构稳定运转产生的影响,提出带有压力闭环控制系统的气体隔离型磁流体旋转密封结构并进行了实验验证。实验结果表明,通过压力闭环控制系统可智能控制电磁阀的通断,保证了气体隔离装置与密封腔的压差始终保持在一个正常稳定的范围内,为气体隔离型磁流体旋转密封结构的稳定运转提供了保障。

## 6.2 主要创新点

(1) 研究了添加挡板的小间隙直接接触型磁流体旋转密封结构,分析了挡板效应对密封性能的影响规律,所设计的挡板结构有效提高了密封性能。在0.05 mm密封间隙下,挡板厚度在3 mm以内时,随着挡板厚度的增加,密封寿命逐渐上升;挡板厚度大于3 mm时,不同挡板厚度下的密封寿命基本不变。在密封间隙0.05 mm、挡板厚度10 mm、转轴转速2000 r/min条件下,密封结构连续工作120小时不泄漏。实验结果表明,添加挡板后,密封寿命延长。

(2)研究了气体隔离型磁流体旋转密封结构,分析了隔离气膜的形成过程,基于计算流体动力学得到了充气过程和气压保持过程两个阶段的两相流分布、压力分布及速度分布。初步研究得到该结构提升了磁流体密封液体的密封性能。实验表明,当压缩气体通道的间隙为0.1 mm时,该结构耐压能力稳定且近似等于磁流体旋转密封气体介质的耐压能力,密封寿命延长,各转轴转速下均在120小时以上,密封性能在本书实验研究时间内不受转轴转速影响。

(3)提出和设计了带有压力闭环控制功能的气体隔离型磁流体旋转密封系统,解决了被密封液体压力变化影响密封运行稳定性的问题。

# 参考文献

[1] Orlowski D C, Static and dynamic shaft seal assembly[P]. U. S. ,4,989,883,1991.

[2]王玉良. 机械设备无泄漏设计[J]. 工业安全与环保, 2003, 29(10):19-22.

[3]宋如弟. 机械设备润滑系统与密封应注意的问题[J]. 中国科技博览, 2012,(8):125-125.

[4]孙见君. 机械密封泄漏预测理论及其应用研究[D]. 南京:南京工业大学,2006:1-20.

[5]吴凤娟. 污水处理设备机械密封常见的故障及处理方法[J]. 中国高新技术企业, 2011(16):105-106.

[6]Blache K M, Shrivastava A B. Defining failure of manufacturing machinery and equipment[C]. Reliability and Maintainability Symposium,1994. Proceedings. IEEE,1994:69-75.

[7]蔡仁良. 过程装备密封技术[M]. 北京:化学工业出版社, 2006.

[8]李多民. 化工过程机器[M]. 北京:中国石化出版社, 2007.

[9]黄志坚. 现代密封技术应用[M]. 北京:机械工业出版社, 2008.

[10]王玉明, 杨惠霞, 姜南. 流体密封技术[J]. 液压气动与密封, 2004(3):1-5.

[11]郝木明. 过程装备密封技术[M]. 北京:中国石化出版社, 2010.

[12]Ha T W, Lee Y B, Kim C H. Leakage and rotordynamic analysis of a high pressure floating ring seal in the turbo pump unit of a liquid rocket engine[J]. Tribology International, 2002, 35(3):153-161.

[13]Willenborg K, Kim S, Wittig S. Effects of Reynolds number and pressure ratio on leakage loss and heat transfer in a gepped labyrinth seal[C]. 2001:815-822.

[14]Etsion I, Kligerman Y, and Halperin G. Analytical and experimental investigation of laser-textured mechanical seal faces[J]. Tribology Transactions, 1999, 42(3):

511 –516.

[15] Shapiro W, Lee C, Jones H. Analysis and design of a gas – lubricated, sectored, floating ring seal [J]. Journal of Tribology, 1988, 110(3): 525 –532.

[16] Yang Q, Gao C F. An experimental and theoretical study of pressure and thermal distortions in a mechanical seal. Tribology Transactions, 1986, 29(2): 151 –159.

[17] 廖传军, 黄伟峰, 索双富,等. 流体静压型机械密封的半解析式流固耦合模型[J]. 机械工程学报, 2010, 46(20): 145 –151.

[18] 王涛, 黄伟峰, 王玉明,等. 机械密封液膜汽化问题研究现状与进展[J]. 化工学报, 2012, 63(11): 3375 –3382.

[19] 周剑锋, 顾伯勤. 螺旋槽机械密封的可控性[J]. 机械工程学报, 2009,45(1): 106 –110.

[20] 李志刚, 郎骥, 李军,等. 迷宫密封泄漏特性的试验研究[J]. 西安交通大学学报, 2011, 45(3): 48 –52.

[21] 刘有军. 迷宫密封的湍流增阻[J]. 机械工程学报, 2004, 40(5): 39 –43.

[22] 郝木明, 张贤晓, 陈小宁,等. 螺旋槽气膜浮环密封结构参数设计分析[J]. 流体机械, 2010, 38(1): 27 –30.

[23] 庄永福. 循环气压缩机浮环密封失效分析及改造[J]. 流体机械, 2006, 34(3): 48 –51.

[24] 王衍, 孙见君, 马晨波,等. 双向旋转式非接触机械密封技术研究进展[J]. 流体机械, 2013, 41(3): 34 –40.

[25] 李德才, 王忠忠, 姚杰. 新型磁性液体密封[J]. 北京交通大学学报, 2014, 38(4):1 –6.

[26] 杨小龙. 大间隙阶梯式磁性液体旋转密封的理论及实验研究[D]. 北京交通大学, 2014.

[27] 孟祥前. 分瓣式磁性液体密封的理论及实验研究[D]. 北京交通大学, 2014.

[28] 何新智, 李德才, 郝瑞参. 屈服应力对磁性液体密封性能的影响[J]. 兵工学报,2015, 36(1):175 –181.

[29] 李德才. 磁性液体的理论及应用[M]. 北京:科学出版社,2003.

[30] Rosensweig R E. Ferrohydrodynamics [M]. New York: Dover Publications

INC, 2002: 307 - 323.

[31]牛晓坤, 钟伟. 磁性液体的应用[J]. 化学工程师,2004. 18(12):45 -47.

[32]何新智, 李德齐, 王虎军. 重力对磁性液体密封性能的影响[J]. 真空科学与技术学报,2014,34(11):1160 -1163.

[33]李国栋. 2002 -2003 年磁性功能材料及应用新进展[J]. 稀有金属材料及工程, 2005, 34(5): 673 -675.

[34]张世伟,李云奇. 磁流体动密封的工业应用[J]. 工业加热, 1995(1): 26 -28.

[35]何新智, 李德才, 孙明礼,等. 大直径法兰磁性液体静密封的实验研究[J]. 真空科学与技术学报, 2008, 28(2): 355 -359.

[36]杨小龙, 李德才, 邢斐斐, 大间隙多级磁源磁性液体密封的实验研究[J]. 兵工学报, 2013, 34(12):1620 -1624.

[37]Anton I, Sabata I D, Vekas L. Magnetic fluid seals: some design problems and application[J]. Journal of Magnetism and Magnetic Materials, 1987, 65(2 - 3): 379 -381.

[38]Ozaki K, Fujiwara T. An experimental study of high speed single stage magnetic fluid seals [J]. Journal of Magnetism and Magnetic Materials, 1987, 65(2): 382 -384.

[39]Mizumoto M, Inoue H. Development of a magnetic liquid seal for clean robots [J]. Journal of Magnetism and Magnetic Materials, 1987, 65(2): 385 -388.

[40]Vekas L, Potencz I, Bica D. The behavior of magnetic fluids under strong nonuniform magnetic field in rotating seal [J]. Journal of Magnetism and Magnetic Materials, 1987,65(2): 223 -226.

[41]Evsing S I, Sokolov N A. Development of magnetic fluid reciprocating motion seals [J]. Journal of Magnetism and Magnetic Materials, 1990, 85 (1): 253 -256.

[42] TorresDíaz I, Rinaldi C. Recent progress in ferrofluids research: novel applications of magnetically controllable and tunable fluids[J]. Soft Matter, 2014, 10(43): 8584 -8602.

[43]Horng H E, Hong C Y, Yang S Y, et al. Novel properties and applications of magnetic fluids [J]. Journal of Physics and Chemistry of Solids, 2001, 62 (12): 1749 -1764.

[44] Seo J W, Park S J. An experimental study of light modulator using magnetic fluid for display applications [J]. Journal of Magnetism and Magnetic Materials, 1999, 192(3): 499 - 504.

[45] Piso M I. Applications of magnetic fluids for inertial sensors [J]. Journal of Magnetism and Magnetic Materials, 1999, 201 (2): 380 - 384.

[46] Piso M I, Vékás L. Magnetic fluid composites and tools for microgravity experiments [J]. Journal of Magnetism and Magnetic Materials, 1999, 201 (3): 410 - 412.

[47] Ganguly R, Sen S, Puri I K. Heat transfer augmentation using a magnetic fluid under the influence of a line dipole [J]. Journal of Magnetism and Magnetic Materials, 2004, 271 (1): 63 - 73.

[48] Raj K, Moskowitz B, Casciari R. Advances in ferrofluid technology [J]. Proceeding of the seventh international conference on magnetic fluids. JMMM, 1995, 149: 174 - 180.

[49] 杨志伊, 陈俊, 刘书进. 磁性流体在铁谱技术中的应用研究[J]. 摩擦学学报, 2002, 22(2): 130 - 133.

[50] 张世伟, 杨乃恒, 李云奇. 用于密封液体的磁流体转轴动密封[J]. 真空, 1999, 1: 36 - 39.

[51] 王虎军, 李德才, 甄少波等. 磁流体对气体和液体耐压能力的对比研究[J]. 食品与机械, 2016, 32(11): 68 - 70.

[52] Etsion I, Zimmels Y. A new hybrid magnetic fluid seal for liquids [J]. Lubrication Engineering, 1986, 42(3): 170 - 173.

[53] Kurfess J, Muller H K. Sealing liquid with magnetic liquids [J]. Journal of Magnetism and Magnetic Materials, 1990, 85: 246 - 252.

[54] Williams R, Malsky H. Some experiences using a ferrofluid seal against a liquid [J]. IEEE Transactions on magnetics, 1980, 16(2): 379 - 381.

[55] 马秋成, 刘颍, 王建华. 磁流体密封水的有关规律研究[J]. 润滑与密封, 1996(5): 24 - 27.

[56] 邹继斌, 陆永平. 磁性流体密封原理与设计[M]. 北京: 国防工业出版社, 2000.

[57] 李德才, 袁祖贻. 磁性流体密封润滑油的研究[J]. 功能材料, 1996, 26: 18 - 20.

[58]刘同冈，刘玉斌，杨志伊. 磁流体用于旋转轴液体密封的研究[J]. 润滑与密封，2001(1)：29－31.

[59]王曦，王世雷. 纳米磁性液体[J]. 材料导报，2004，18：180－181.

[60]池长青. 铁磁流体的物理学基础和应用[M]. 北京：北京航空航天大学出版社，2011：1－15.

[61]池长青. 铁磁流体力学[M]. 北京：北京航空航天大学出版社，1993：140－171.

[62]何新智，李德才，兰惠清. 两种磁性液体密封结构耐压能力的比较[J]. 真空科学与技术学报，2005，25(3)：238－240.

[63]Rosensweig R E. Ferrohydrodynamics[M]. Cambridge University Press，1985：100－157.

[64]张振宇，李德才. 磁性液体磁－粘效应研究进展及其理论分析[J]. 华北科技学院学报，2008，5(4)：56－59.

[65]范东，李德才，姚伟君. 磁性液体磁粘效应分析及高低温下粘度变化的初步实验研究[J]. 化学工程师，2011(8)：39－41.

[66]Pinho M，Brouard B，Genevaux J M，et al. Investigation into ferrofluid magnetoviscous effects under an oscillating shear flow[J]. Journal of Magnetism and Magnetic Materials，2011，323(18－19)：2386－2390.

[67]Odenbach S，Thurm S. Magnetoviscous effects in ferrofluids[J]. Lecture Notes in Physics，2002，594：185－201.

[68]McTague J P. Magnetoviscosity of magnetic colloids[J]. J. Chemical Physics，1969，51(1)：133－136.

[69]Wilson B. Account of Dr Kinght's method of making artificial lodestones[J]. Philosophical Transactions of the Royal Society of London，1779，69:51－53.

[70]Bitter F. Experiments on the nature of ferromagnetism[J]. Physical Review，1932，41(4)：507－515.

[71]Elmore W C. The magnetization of ferromagnetic colloids[J]. Physical Review，1938，54(12)：1092－1095.

[72]Stephen P S. Low viscosity magnetic fluid obtained by the colloidal suspension of magnetic particles[P]. U. S.，3,215,572. 1965.

[73]下饭坂润三. 油类な分散媒磁性液体の制造法[J]. 公开特许公报，1976，51：44－58.

[74] Neuringer J L, Rosensweig R E. Ferrohydrodynamics[J]. Physics of Fluids (1958 - 1988), 2004, 7(12): 1927 - 1937.

[75] 14th International Conference on Magnetic Fluids (ICMF14) [C]. Ekaterinburg, Russa. July. 2013.

[76] 炊海春，李德才，兰惠清等. 磁性液体制备技术的发展[J]. 机械工程师，2003，6：7 - 9.

[77] 张继松，何虹，杨仁富. 磁流体及其应用[J]. 磁性元件与电源，2015，4：133 - 138.

[78] 张茂润，陶昭才，李广学. 硅油基 $Fe_3O_4$ 磁流体的制备与性能[J]. 磁性材料及器件，2003，34(6)：7 - 9.

[79] Crainic M S, Cornel M, Ilie D. Ferrofluids flow transducer for liquids[J]. Flow Measurement and Instrumentation, 2000, 11: 101 - 108.

[80] Yang W, Li D, He X, et al. Calculation of magnetic levitation force exerted on the cylindrical magnets immersed in ferrofluid[J]. International Journal of Applied Electromagnetics and Mechanics, 2012, 40: 37 - 49.

[81] 李学慧，吴业，刘宗明. 磁流体的研制[J]. 化学世界，1998(1)：15 - 17.

[82] 徐教仁. 氮化铁磁性液体材料及应用开发研究[J]. 材料导报，2001，15(2)：6 - 6.

[83] 丁明，张锋，孙虹，等. $Zn_xFe_{3-x}O_4$ 磁性液体的制备及性能研究[J]. 合肥工业大学学报:自然科学版，2005，28(8)：893 - 896.

[84] 吕建强. 纳米磁性液体制备及性能研究[D]. 北京:北京交通大学，2006.

[85] Shliomis M, Raikher Y. Experimental investigations of magnetic fluids[J]. IEEE Transactions on Magnetics, 1980, 16(2): 237 - 250.

[86] 蔡国琰，刘存芳. 磁流体力学及磁流体的工程应用[J]. 山东大学学报(工学版)，1994(4)：347 - 351.

[87] Deng M, Liu D, Li D. Magnetic field sensor based on asymmetric optical fibertaper and magnetic fluid[J]. Sensors and Actuators A: Physical, 2014, 211(5): 55 - 59.

[88] Andò B, Baglio S, Beninato A. Behavior analysis of a ferrofluidic gyroscope performances[J]. Sensors and Actuators A: Physical, 2010, 162(2): 348 - 354.

[89] Tipei N. Theory of lubrication with ferrofluid application to short bearings[J].

Journal of Tribology, 1982, 104(4): 510 -515.

[90]Shukla J B, Kumar D. A theory for ferromagnetic lubrication[J]. Journal of Magnetism and Magnetic Materials, 1987, 65(2 -3): 375 -378.

[91] Zhong Y. Static characteristics of magnetised journal bearing lubricated with forrofluids[J]. Journal of Tribology, 1991, 113: 533 -538.

[92]Nii K, Kawaike K. Ferrofluid lubricated bearings for a polygon mirror[J]. Proe Imtn Meeh Engrs, 1996, 210: 199 -204.

[93]Kanno T, Kouda Y, Takeishi Y. Preparation of magnetic fluid having active gas resistance and ultra - low vapor pressure for magnetic fluid vacuum seals[J]. Tribology International, 1997, 30(9): 701 -705.

[94] Chandra P, Sinha P, Kumar D. Ferrofluid lubrication of a journal bearing considering cavitation[J]. Tribology Tramactiom, 1992, 35(1): 163 -169.

[95]黄刚. 磁性液体在工业润滑与密封中的开发应用[J]. 润滑与密封, 1993 (6): 38 -42.

[96]姚如杰. 磁流体在密封与润滑领域中的技术现状综述[J]. 润滑与密封, 1994(3): 69 -72.

[97]霍丽萍, 安琦, 蔡仁良. 磁极结构对磁流体密封性能的影响[J]. 化工机械, 1999(3): 136 -138.

[98]董国强, 李德才, 郝瑞参. 基于铁磁性液体的微差压传感器研究[J]. 传感技术学报, 2009, 22(1): 50 -53.

[99] Popa N C, De Sabata I, Anton I, et al. Magnetic fluids in aerodynamic measuring devices[J]. Journal of Magnetism and Magnetic Materials, 1999, 201(1 -3): 385 -390.

[100]Zheng Y, Dong X, Chan C C, et al. Optical fiber magnetic field sensor based on magnetic fluid and microfiber mode interferometer [J]. Optics Communications, 2015, 336: 5 -8.

[101]Chen Y, Han Q, Liu T, et al. Optical fiber magnetic field sensor based on single - mode - multimode - single - mode structure and magnetic fluid[J]. Optics Letters, 2013, 38(20): 3999 -4001.

[102]祖鹏, 向望华, 白扬博, 等. 一种新型的基于磁性液体的光纤 Sagnac 磁场传感器[J]. 光学学报, 2011, 31(8): 49 -53.

[103] Song Y, Yu S, Zhang Y, et al. Novel optical devices based on the

transmission properties of magnetic fluid and their characteristics[J]. Optics and Lasers in Engineering, 2012, 50: 1177 -1184.

[104] Hu T, Zhao Y, Li X, et al. Novel optical fiber current sensor based on magnetic fluid[J]. Chinese Optics Letters, 2010, 8(4): 392 -394.

[105] Piso M I. Magnetofluidic inertial sensors[J]. Romanian Reports in Physics, 1995,47:437 -454.

[106] Piso M I, Minti H, Aciu A. Vibration threshold sensor [P]. RO, 96583. 1986.

[107] 钱乐平, 磁性液体加速度传感器的理论及实验研究[D]. 北京:北京交通大学, 2017.

[108] 崔海蓉, 李德才, 孙明礼等. 磁性液体水平传感器的实验研究[J]. 北京交通大学学报, 2008, 32(4): 33 -35.

[109] 许海平, 李德才, 崔海蓉. 磁性液体水平传感器的研究[J]. 功能材料, 2006, 8(37): 1220 -1222.

[110] 崔海蓉, 郑金桔, 杨超珍,等. 磁性液体水平传感器的数值模拟与实验验证[J]. 中国机械工程, 2012, 23(20): 2424 -2429.

[111] Cui H R, Sun M L, Wang X F. Kerosene based magnetic fluid used in magnetic fluid inclination sensor[J]. Advanced Materials Research, 2011, 211 -212: 411 -415.

[112] 何新智, 李德才. 磁性液体在传感器中的应用[J]. 电子测量与仪器学报, 2009, 23(11): 108 -114.

[113] Ferrofluidics Corp. Non sticking dampers use magnetic fluids[J]. Vacuum, 1973, 23(12): 459 -459.

[114] Moskowitz R. Ferrofluids: liquid magnetics[J]. IEEE Spectrum, 1975, 22 (3): 53 -57.

[115] Moskowitz R. Designing with ferrofluids[J]. Mechanical Engineering, 1975, 97(2): 30 -36.

[116] Odenbach S. Colloidal magnetic fluids: basics, development, and application of ferrofluids[M]. Berlin: Springer Verlag, 2009.

[117] Raj K, Moskowitz R. A review of damping applications of ferrofluis[J]. IEEE Transactions on Magnetics, 1980, Mag -16(2): 358 -363.

[118] 杨文明, 李德才, 冯振华. 磁性液体阻尼减振器动力学建模及实验[J]. 振

动工程学报, 2012, 25(3): 253 -259.

[119]杨文明, 李德才, 冯振华. 磁性液体阻尼减振器实验研究[J]. 振动与冲击, 2012, 31(9): 144 -148.

[120]Yang W, Li D, Feng Z. Hydrodynamics and energy dissipation in a ferrofluid damper[J]. Journal of Vibration and Control, 2013, 19(2): 183 -190.

[121]炏海春. 磁性液体粘性减阻的实验研究[D]. 北京:北京交通大学, 2004.

[122]孙明礼. 磁性液体粘性减阻的实验研究[D]. 北京:北京交通大学, 2009.

[123]Dobson J. Magnetic nanoparticles for drug delivery[J]. Drug development research, 2006, 67(1): 55 -60.

[124]张晓金, 原续波, 胡云霞, 等. 用于癌症治疗的纳米磁性载体材料研究进展[J]. 北京生物医学工程, 2003, 22(4): 295 -298.

[125]Papisov M I, Bogdanov A, Schaffer J, et al. Colloidal magnetic resonance contrast agents: effect of particle surface on biodistribution[J]. Journal of Magnetism and Magnetic Materials, 1993, 122(1 -3):383 -386.

[126]Dailey J P, Phillips J P, Li C, et al. Synthesis of silicone magnetic fluid for use in eye surgery[J]. Journal of Magnetism & Magnetic Materials, 1999, 194(1 -3):140 -148.

[127]Berkovsky B M, Bashtovoy V. Magnetic fluids and applications handbook[M]. New York: Begell house, inc., 1996.

[128]林德明,王兴玮,王华生,等. 磁性液体在扬声器中的应用研究[C]. 中国功能材料及其应用学术会议, 2001: 541 -543.

[129]Odenbach S, Thurm S. Magnetoviscous effects in ferrofluids[J]. Lecture Notes in Physics, 2002, 594: 26 -29.

[130]刘颖, 王全胜, 王建华. 磁流体密封自修复的试验研究明[J]. 摩擦学学报, 1998, 18(3): 263 -267.

[131]顾红, 徐伟华, 宋鹏云等. 磁流体密封水介质的自修复研究[J]. 摩擦学学报, 2002, 22(3): 214 -217.

[132]许孙曲, 许菱. 磁性液体密封研究的现状与趋势[J]. 磁性材料及器件. 1998(3): 33 -37.

[133]Xuan Y, Li Q. Heat transfer enhancement of nanofluids[J]. International Journal of Heat and Fluid Flow, 2000, 21(1): 58 -64.

[134]李国斌. 纳米磁性粒子动力学数值模拟与磁性液体密封研究[D]. 成都:

西南交通大学, 2007.

[135]李德才, 王忠忠. 一种双螺旋磁性液体密封装置[P]. PRC, U,. 201410022366.9. 2014.

[136]邹继斌, 陆水平, 齐毓霖. 磁性流体密封及其发展现状[J]. 摩擦学学报, 1994(3): 279-285.

[137]李德才. 磁性液体密封理论及应用[M]. 北京: 科学出版社, 2010.

[138]Leszek Matuszewski, Zbigniew Szydlo, The application of magnetic fluids in sealing nodes designed for operation in difficult conditions and in machines used in sea environment[J], Polish Maritime Research, 2008, 15(3): 49-58.

[139]李德才, 姚杰. 帕尔帖冷却式磁性液体密封装置[P]. PRC, U,. 201410177531.8. 2014.

[140]李德才. 一种分瓣式磁性液体密封装置[P]. PRC, U,. 201110240451.9. 2011.

[141]Raj K, Grayson M A. Mass spectrometric studies of material evolution from magnetic liquid seals[J]. Review of Scientific Instruments, 1980, 51(10): 1370-1373.

[142]Moskowitz R. Ferrofluid: Liquid magnetics [J]. IEEE Spectrum, 1975, 12(3): 53-57.

[143]Kim Y S, Nakatsuka K, Fujita T, et al. Application of hydrophilic magnetic fluid to oil seal[J]. Journal of Magnetismand Magnetic Materials, 1999, 201(1-3): 361-363.

[144]Kim Y S, Kim Y H. Application of ferro-cobalt magnetic fluid for oil sealing [J]. Journal of Magnetism and Magnetic Materials, 2003, 267(1): 105-110.

[145]Kim D Y, Bae H S, Park M K, et al. A study of magnetic fluid seals for underwater robotic vehicles [J]. International Journal of Applied Electromagnetics and Mechanics, 2010, 33(1): 857-863.

[146]Szydło, Zbigniew, Matuszewski. Experimental research on effectiveness of the magnetic fluid seals for rotary shafts working in water[J]. Polish Maritime Research, 2007, 14(4): 53-58.

[147]Szydło Z, Szczech M. Investigation of dynamic magnetic fluid seal wear process in utility water environment[J]. Key Engineering Materials, 2012, 490: 143-155.

[148] Matuszewski L, Szydło Z. Life tests of a rotary single – stage magnetic – fluid seal for shipbuilding applications[J]. Polish Maritime Research, 2011, 18(2): 51 – 59.

[149] Matuszewski L. Multi – stage magnetic – fluid seals for operating in water – life test procedure, test stand and research results Part I: Life test procedure, test stand and instrumentation[J]. Polish Maritime Research, 2012, 19(4): 62 – 70.

[150] Matuszewski L. Multi – stage magnetic – fluid seals for operating in water – – life test procedure, test stand and research results Part Ⅱ: Results of life tests of multi – stage magnetic – fluid seal operating in water[J]. Polish Maritime Research, 2013, 20(1): 39 – 47.

[151] Szczech M, Horak W. Tightness testing of rotary ferromagnetic fluid seal working in water environment[J]. Industrial Lubrication and Tribology, 2015, 67(5): 455 – 459.

[152] Sekine K, Asakawa M, Mitamura Y. Development of an axial flow blood pump: characteristics of a magnetic fluid seal[J]. Journal of Artificial Organs, 2001, 4(3):245 – 251.

[153] Sekine K, Mitamura Y, Murabayashi S, et al. Development of a magnetic fluid shaft seal for an axial – flow blood pump[J]. Artificial Organs, 2003, 27(10): 892 – 896.

[154] Mitamura Y, Arioka S, Sakota D, et al. Application of a magnetic fluid seal to rotary blood pumps[J]. Journal of Physics Condensed Matter, 2008, 20(20): 204145, 1 – 5.

[155] Mitamura Y, Takahashi S, Kano K. Sealing Performance of a Magnetic Fluid Seal for Rotary Blood Pumps[J], Artificial Organs, 2009,33(9): 770 – 773.

[156] Mitamura Y, Takahashi S, Amari S, et al. A magnetic fluid seal for rotary blood pumps: effects of seal structure on long – term performance in liquid[J]. Journal of Artificial Organs, 2011, 14(1): 23 – 30.

[157] Mitamura Y. A magnetic fluid seal for rotary blood pumps: Long – term performance in liquid[J]. Physics Procedia, 2010, 9(1): 229 – 233.

[158] Mitamura Y, Yano T, Nakamura W, et al. A magnetic fluid seal for rotary blood pumps: Behaviors of magnetic fluids in a magnetic fluid seal[J]. Biomed

Mater Enginering, 2013, 23(1 -2): 63 -68.

[159]Ritter K, Michaelsen K, Mair G. Magnetic fluid shaft seal[P]. U.S., 4,681, 328. 1987.

[160]Hoeg D F, Tuzson J J. Hybrid magnetic fluid shaft seal[P]. U.S., 4,054, 293 A. 1977.

[161]Tietze W. Handbuch dichtungspraxis[M]. Essen: VulkanVerlag, 2003.

[162]Tamama H, Ozawa Y, Miyazaki J, et al. Device for sealing a propeller shaft against invasion of sea water[P]. U.S., 4,436,313. 1984.

[163]Miyazaki. Stern pipe sealing device[P]. JP, 62178498. 1980.

[164]李德才，姚杰. 用于密封液体的微泵式上游泵送磁性液体密封装置[P]. CN103759015. 2014.

[165]王建华，马秋成，刘颖. 磁流体密封水的应用研究[C]. 全国摩擦学学术会议，1992.

[166]李文昌. 磁流体密封润滑油的研究[J]. 北京化工大学学报(自然科学版)，1993(1): 25 -28.

[167]顾建明，黄欣，盛翠萍等. 磁表面张力——磁流体密封机理研究的新思路[J]. 润滑与密封，2000(4): 10 -12.

[168]刘同冈，杨志伊. 磁流体液体动密封结构的优化设计[J]. 摩擦学学报，2003，23(4): 353 -355.

[169]王媛，樊玉光. 相对速度对磁流体液体动密封中界面稳定性的影响[J]. 流体机械，2007，35(1): 18 -20.

[170]宋后定，陈培林. 永磁材料及其应用[M]. 北京:机械工业出版社，1984.

[171]王虎军，李德才，何新智，王四棋. 转轴转速对磁流体液体动密封耐压能力影响的实验研究[J]. 真空科学与技术学报，2016，36(8):945 -949.

[172]Wang H, Li D, He X. Influence of shaft speed on the seal life of sealing liquid device with magnetic fluid[J]. Technical Bolletin, 2017, 55(2): 227 -232.

[173]王虎军，李德才，何新智. 水压对磁流体水密封寿命的影响[J]. 真空科学与技术学报，2017，37(3):309 -312.

[174]Wang H, Li D, Wang S, et al. Effect of seal gap on seal life when sealing liquids with magnetic fluid[J]. Revista de la Facultad de Ingenieria, 2016, 31 (12): 83 -88.

[175] Walowit J, Pinkus O. Analysis of magnetic fluid seals [J]. ASLE

Transactions, 1981, 24(4): 533 -541.

[176] Pinkus O. Model testing of magnetic fluid seals[J]. ASLE Transactions, 1982, 25(1): 79 -87.

[177]许永兴, 顾建明. 磁流体密封装置最佳齿极参数计算[J]. 上海交通大学学报, 1999, 33(3): 346 -349.

[178]尹衍升, 张金升, 张银燕,等. 纳米磁流体密封结构的设计和制造[J]. 机械工程学报, 2004, 40(4): 103 -107.

[179]杨逢瑜, 齐学义, 李桂花,等. 磁流体密封压力与结构参数的确定[J]. 甘肃科学学报, 2002, 14(3): 1 -6.

[180]陈达畅. 磁流体密封装置的设计与密封实验研究[D]. 汕头:汕头大学, 2005.

[181]钱济国, 杨志伊. 磁流体旋转密封的参数计算[J]. 制造技术与机床, 2008, 11: 73 -74.

[182]左英杰, 姚新港, 刘同冈,等. 磁流体离心密封结构的改进设计[J]. 润滑与密封, 2011, 36(5): 86 -88.

[183]王淑珍, 李德才. 磁流体密封结构的设计与实验研究[C]. 第六届中国功能材料及其应用学术会议, 2007: 1224 -1226.

[184]大森名. 磁性材料手册[M]. 北京: 机械工业出版社, 1983.

[185]周寿增, 董清飞. 超强永磁体[M]. 北京: 冶金工业出版社, 2004.

[186]周寿增. 稀土永磁材料及其应用[M]. 北京: 冶金工业出版社, 1990.

[187]王常有. 往复轴磁性液体密封机理及实验研究[D].北京:北方交通大学, 1999.

[188]李云奇, 张世伟. 磁流体真空转轴密封结构的设计与计算方法的研究[J]. 真空科学与技术学报, 1989(4): 259 -265.

[189]张世伟, 杨乃恒, 李云奇. 磁流体真空转轴密封中矩形极齿齿型参数的研究[J]. 真空科学与技术学报, 1987(2): 5 -12.

[190]周力行, 杨玫, 廉春英. 鼓泡床内气泡 -液体两相湍流代数应力模型的数值模拟[J]. 化工学报, 2002, 53(8): 780 -786.

[191]顾汉洋, 郭烈锦. 方截面鼓泡床气液两相瞬态数值研究[J]. 工程热物理学报, 2005, 26(1): 72 -75.

[192]陶文铨. 数值传热学(第二版)[M]. 西安: 西安交通大学出版社, 2001.

[193]王福军. 计算流体力学分析——CFD 软件原理与应用[M]. 北京: 清华大学出版社, 2004.

[194] Lindborg H, Lysberg M, Jakobsen H A. Practical validation of the two – fluid model applied to dense gas – solid flows in fluidized beds [J]. Chemical Engineering Science, 2007, 62(21): 5854 – 5869.

[195] Enwald H, Peirano E, Almstedt A E. Eulerian two – phase flow theory applied to fluidization [J]. International Journal of Multiphase Flow, 1996, 22: 21 – 66.

[196] Sokolichin A, Eigenberger G, Lapin A, et al. Dynamic numerical simulmion of gas – liquid two – phase flows Euler/Euler versus Euler/Lagrange [J]. Chemical Engineering Science, 1997, 52(4): 611 – 626.

[197] Delnoij E, Lammers F A, Kuipers J, et a1. Dynamic simulation of dispersed gas – liquid two – phase flow using a discrete bubble model [J]. Chemical Engineering Science, 1997, 52(9): 1429 – 1458.

[198] Buwa V V, Ranade V V. Characterization of dynamics of gas – liquid flows in rectangular bubble columns[J]. Aiche journal, 2004, 50(10): 2394 – 2407.

[199] Yue P T, James J F, Christopher A. An arbitrary Lagrangian – Eulerian method for simulating bubble growth in polymer foaming [J]. Journal of Computational Physics, 2007, 226: 2229 – 2249.

[200] Hirt C W, Nichols B D. Volume of Fluid method for the dynamic of flee boundafied[J]. Journal of Computational Physics, 1981, 39: 201 – 225.

[201] Brackbill J U, Kothe D B, Zemach C. A continuum method for modeling surface tension [J]. Journal of Computational Physics, 1992, 100 (2): 335 – 354.

[202] 张媛，张建斌，邵新杰. 磁流体密封的磁场分析[J]. 润滑与密封，2002(4)：24 – 26.

[203] 张兆顺，崔桂香. 流体力学[M]. 北京：清华大学出版社，2015.